U0418471

国防科技图书出版基金

火炮修后水弹试验方法与检测评估技术

Test Method and Detection Evaluation Technology of Water – Projectile Test After Gun Repaired

傅建平　刘广生　冯国飞　余家武　编著

国防工業出版社

·北京·

图书在版编目（CIP）数据

火炮修后水弹试验方法与检测评估技术/傅建平等编著.—北京：国防工业出版社，2016.10

ISBN 978-7-118-10917-7

Ⅰ.①火… Ⅱ.①傅… Ⅲ.①火炮－射击试验－试验方法②火炮－射击试验－检测 Ⅳ.①TJ306

中国版本图书馆 CIP 数据核字（2016）第 148348 号

※

国防工业出版社出版发行

（北京市海淀区紫竹院南路 23 号 邮政编码 100048）

腾飞印务有限公司印刷

新华书店经售

*

开本 710×1000 1/16 **印张** 12¼ **字数** 245 千字

2016 年 10 月第 1 版第 1 次印刷 **印数** 1—2000 册 **定价** 65.00 元

国防书店：（010）88540777 发行邮购：（010）88540776

发行传真：（010）88540755 发行业务：（010）88540717

致 读 者

本书由国防科技图书出版基金资助出版。

国防科技图书出版工作是国防科技事业的一个重要方面。优秀的国防科技图书既是国防科技成果的一部分,又是国防科技水平的重要标志。为了促进国防科技和武器装备建设事业的发展,加强社会主义物质文明和精神文明建设,培养优秀科技人才,确保国防科技优秀图书的出版,原国防科工委于1988年初决定每年拨出专款,设立国防科技图书出版基金,成立评审委员会,扶持、审定出版国防科技优秀图书。

国防科技图书出版基金资助的对象是:

1. 在国防科学技术领域中,学术水平高,内容有创见,在学科上居领先地位的基础科学理论图书;在工程技术理论方面有突破的应用科学专著。

2. 学术思想新颖,内容具体、实用,对国防科技和武器装备发展具有较大推动作用的专著;密切结合国防现代化和武器装备现代化需要的高新技术内容的专著。

3. 有重要发展前景和有重大开拓使用价值,密切结合国防现代化和武器装备现代化需要的新工艺、新材料内容的专著。

4. 填补目前我国科技领域空白并具有军事应用前景的薄弱学科和边缘学科的科技图书。

国防科技图书出版基金评审委员会在总装备部的领导下开展工作,负责掌握出版基金的使用方向,评审受理的图书选题,决定资助的图书选题和资助金额,以及决定中断或取消资助等。经评审给予资助的图书,由总装备部国防工业出版社列选出版。

国防科技事业已经取得了举世瞩目的成就。国防科技图书承担着记载和弘扬这些成就,积累和传播科技知识的使命。在改革开放的新形势下,原国防科工委率先设立出版基金,扶持出版科技图书,这是一项具有深远意义的创举。此举势必促使国防科技图书的出版随着国防科技事业的发展更加兴旺。

设立出版基金是一件新生事物,是对出版工作的一项改革。因而,评审工作需要不断地摸索、认真地总结和及时地改进,这样,才能使有限的基金发挥出巨大的效能。评审工作更需要国防科技和武器装备建设战线广大科技工作者、专家、教授,以及社会各界朋友的热情支持。

让我们携起手来,为祖国昌盛、科技腾飞、出版繁荣而共同奋斗!

国防科技图书出版基金

评审委员会

前　言

随着我军装备现代化建设的发展，一批牵引火炮、车载炮、轮式自行火炮与履带式自行火炮等新型火炮陆续列装部队，并在部队训练使用、实弹射击中担当重要角色，逐步成为我军炮兵部队的主要装备。新型火炮装备随着射弹数与行驶里程的增加，逐步进入大、中修。火炮大、中修后，火炮修理规程（国军标）明确要求进行修后水弹试验，以综合检验火炮的修后质量。因此，火炮修后水弹试验是对修后火炮质量检验的最为重要的动态检验，只有水弹试验合格的火炮方可供部队训练与射击使用。

目前，新型火炮修后水弹试验遇到以下问题：

(1) 火炮修后水弹试验缺乏理论研究，水弹试验方案缺少理论支撑。尽管我军开展火炮修后水弹试验多年，传统火炮已有较成熟的水弹试验方案与试验方法，但受试验单位技术力量的约束，缺乏开展水弹试验的理论研究，通常，水弹试验方案是建立在大量水弹配重试验基础之上，经不断试验摸索得到的。该方法盲目性大、安全性差、通用性差。某单位曾经在水弹试验中，因试验方案不科学、装水质量不当而引起火炮身管内壁胀膛现象，给水弹试验带来很大的负面影响，该单位曾一度中断水弹试验。

(2) 火炮修后水弹试验检测与评估技术落后。火炮修后水弹试验的检测设备简陋，大多凭目测观察、简单仪表检测水弹试验后的火炮性能，凭经验评估火炮修后技术状态，影响火炮修后水弹试验评估结果和故障诊断的正确性。

因此，急需开展火炮修后水弹试验的理论方法和检测评估技术研究。火炮水弹试验理论方法与水弹试验工程实践是推动火炮水弹试验不断前进的两大动力，两者相辅相成，相互促进。科学的火炮水弹试验理论能为火炮水弹试验工程实践提供理论支撑，使火炮水弹试验实践少走弯路，能够缩短水弹试验的周期、降低水弹试验的成本；同时，火炮水弹试验实践反过来又能不断验证与促进火炮水弹试验理论的不断完善。本书的宗旨就在于，总结现有火炮水弹试验工程实践经验，应用现代火炮内弹道学和火炮设计理论，将火炮水弹试验现有经验和知识提升为较为完整的火炮水弹试验理论,以科学地阐述火炮水弹试验的内弹道和火炮后坐复进运动变化规律,为新型火炮的修后水弹试验提供理论支撑。

全书共分8章。第1章火炮修后水弹试验机理,为水弹试验研究的基础。主要介绍火炮修理制度及修后试验要求;重点介绍火炮水弹试验系统组成、水弹试验及其检测评估技术的现状与发展。第2章火炮修后水弹试验内弹道学,是水弹试验研究的基础。从火炮实弹射击与水弹试验的特点出发,建立火炮水弹试验内弹道计算模型;对火炮水弹试验内弹道参数进行符合计算,以与试验数据相吻合;对水弹试验内弹道进行影响因素分析。第3章火炮修后水弹试验装水质量确定方法,为开展水弹试验提供其核心参数。主要介绍炮膛合力、炮膛合力冲量等概念及其计算方法;建立基于冲量原理的水弹试验装水质量计算模型,以及装水质量计算的方法和步骤。第4章火炮修后水弹试验动力学分析,分析结果是评估火炮水弹试验的关键参数。以火炮水弹试验时后坐部分为受力分析对象,建立火炮水弹试验时火炮后坐与复进运动计算模型,从而得到火炮后坐与复进运动的位移和速度。第5章火炮修后水弹试验安全性研究,它是火炮水弹试验的前提。应用火炮设计理论,介绍火炮水弹试验时的内膛理论压力和身管实际强度的计算方法,从而引入火炮水弹试验身管安全性评估的方法与步骤。第6章火炮修后水弹试验检测技术,它是火炮水弹试验的重要组成部分,为水弹试验评估和故障诊断提供数据。主要介绍基于传感技术的接触式测试系统和基于图像匹配技术的非接触式测试系统。第7章火炮修后水弹试验评估和故障诊断技术,为水弹试验的最终目的,介绍水弹试验模糊评估方法和火炮后坐与复进运动故障诊断方法。第8章火炮修后水弹试验规范,这是水弹试验研究的落脚点。

本书全面系统地介绍了火炮修后水弹试验的理论方法及其试验检测与评估技术,在继承基于实弹射击的火炮内弹道学、火炮射击动力学、火炮炮身强度理论、火炮测试技术、火炮试验评估与诊断等理论与技术基础上,根据火炮水弹试验的要求与特点,综合了多年来取得的火炮水弹试验相关科研成果,因而具有时代特色和先进性;本书将实弹射击与水弹试验相比较,构建了一套较为完整的火炮修后水弹试验理论方法以及检测评估技术,火炮水弹试验理论性强、通用性好;本书将火炮水弹试验的理论与工程实践相结合,具有很强的实用性,既可供从事火炮设计、制造、试验和修理的科技人员使用,也可作为院校教学的参考书。

本书的撰写和出版过程中曾得到国防科技出版基金评审委员会和国防工业出版社的关心与帮助,承蒙钱林方教授和李冰研高工对本书初稿进行评阅并提出宝贵意见。在本书所涉及的研究内容中,原济南军区保障大队的吕世乐工程师和本单位张泽峰研究生参加了火炮修后水弹试验的内弹道计算和检测技术等部分内容研究；驻国营157厂军事代表室和国营157厂为本书提供了许多火炮水弹试验的技术资料和技术支援，其中刁中凯高工、李雷工程师为本书研究提出了宝贵建议；中国人民解放军第三三零二工厂、六四一零工厂为本书提供了火炮修后水弹试验实例及试验结果；本教研室的许多教授专家对本书初稿提出了许多有益的修改意见。在此，对以上单位和同志的大力支持和辛勤劳动一并表示衷心感谢。

由于成书仓促，作者水平有限，若干研究工作目前仍在继续进行中，故本书的缺点和错误在所难免，作者也衷心期望得到读者的批评指正。

作者

2016 年 6 月于石家庄

目　　录

Contents

第1章　火炮修后水弹试验机理

目前,火炮水弹试验主要应用于以下两种情况:一是火炮新品工厂交验试验,用以检验火炮新品制造质量;二是火炮修后水弹试验,用以确定火炮修后的技术状态和检验火炮修理质量。由于这两种方式的试验目的和考核方式不同,因而,火炮水弹试验的机理也不尽相同。本书只针对火炮修后水弹试验的理论方法与相关技术进行研究,但也为火炮新品水弹试验的理论方法与检测评估技术研究提供参考。火炮修后水弹试验机理是火炮水弹试验方法和试验评估与诊断研究的基础,主要研究火炮水弹试验的原理、组成和技术要求,为后续研究奠定基础。

1.1 火炮修后试验概述

火炮修后需进行射击试验,以动态方式综合考核火炮的技术状态和修理质量,主要有人工后坐试验、实弹射击试验和水弹试验等。

1.1.1 火炮人工后坐试验

火炮人工后坐试验用以检查火炮反后坐装置的动作和在平时不便检查的项目。通常,火炮人工后坐试验在火炮试射前进行。

火炮人工后坐试验前,必须检查反后坐装置的气、液量及炮闩开关闩动作、复拨、击发动作、抽筒动作。

火炮人工后坐时,用专用的人工后坐设备(机械式或液压式),使火炮后坐到规定的后坐距离后停止;然后通过快速解脱机构迅速解脱对火炮后坐部分的限制,使火炮快速复进到位。

火炮人工后坐试验后,应检查制退杆与复进杆是否带出液体,各零部件结合处和紧塞装置处是否有液体漏出;打高炮身,在内筒与开闭器连接处涂上肥皂水,观察是否漏气;打低炮身,在复进机的零部件结合部的缝隙处、紧塞装置涂上肥皂水,观察是否漏气。

火炮人工后坐试验方法简单,便于实施,但缺少冲击性的后坐过程的检验。因此,修后火炮在人工后坐试验基础上,还需进行必要的射击试验或水弹试验。

1.1.2　火炮实弹射击试验

火炮实弹射击试验可采用实弹或砂弹进行，综合检验火炮的修理质量。

实弹射击试验前应对试验火炮进行完整火炮状态下的技术检查，排除一切故障后方可进行射击；试验用的弹药应为一级品，标记应正确，并为同一批次。

实弹射击一般射击 3 发，分为低射角、中间射角和高射角 3 种不同射角下实施射击。实弹射击考核项目针对性和结果说服力强，有实弹射击条件（大型射击靶场）的修理单位，可采用实弹射击方式进行修后火炮的射击试验。但实弹射击也有如下缺点：

（1）对靶场要求高。实弹射击噪声、冲击、炸点严重危害环境与安全，因此，要求在专用射击靶场进行，地理位置、地域面积、设施设备等靶场建设要求严格；实施试验前要对靶场进行封闭清场，并实施警戒。

（2）试验周期长。实弹射击从请示、准备到组织实施，试验周期很长，消耗大量人力、物力；实弹射击还要选择合适的射击时机，如农忙季节、雷雨天气不宜实施射击等。

（3）试验费用高。一般火炮在水平射角、中间射角、最大射角发射 6 ~ 8 发炮弹，每发弹药消耗 2000 ~ 5000 元，试验费用很高。

（4）试验安全性差。实弹射击极易造成试验人员、装备和靶区群众、物资损害，试验引起的人员伤亡事故、民事纠纷时有发生。

实弹射击后主要检查以下几方面：

（1）后坐长度应在规定范围内。

（2）复进应平稳，不应有复进过猛、断续、复进时带冲击以及复进不足等现象。

（3）火炮各机构动作平稳，工作应正常无卡滞。

（4）炮闩和半自动装置动作应灵活、准确，药筒应被有力地抛出。

（5）反后坐装置不应有漏液、漏气现象。

（6）高低机、方向机不应发生自转。

实弹射击完毕后，擦拭炮膛。试射结果计入火炮履历书。

1.1.3 火炮水弹试验

对身管未经修理的火炮,可采用水弹试验的方式对火炮各机构动作和修理质量进行检查。目前,火炮大修、中修后,广泛采取水弹试验,以综合检验火炮的修理质量。具体试验方法与原理详见以后各章节。

1.2 火炮水弹试验系统组成

火炮修理后,对身管未经修理的火炮进行水弹试验。水弹试验以动态方式,综合检验火炮的修理质量,包括火炮射击的安全性、可靠性。对于出现火炮后坐过长、发射不正常等故障现象的火炮,工厂应重新修理,并再次进行水弹试验合格后,方可交付部队使用。

所谓水弹试验,即将真弹头拔掉,用一定质量的水或专用液体注入炮膛来替代实弹,如图 1-1 所示。试验前,从炮尾打入专用木塞到坡膛处,以隔离前部水和后部装药,并提供挤进压力 p_0;从炮口注入一定质量的清水用以替代弹丸;最后装填带有全装药的药筒并自动关闩。试验时,发射药燃烧,产生高温、高压的火药气体,一方面将木塞与水(或专用液)向前高速推出炮膛,另一方面其向后作用的炮膛合力使火炮产生后坐与复进运动。经过适当调整装水质量,就可形成类似实弹射击的火炮后坐、复进运动等射击现象,从而以动态方式检验火炮修后质量,并确定火炮的技术状态。

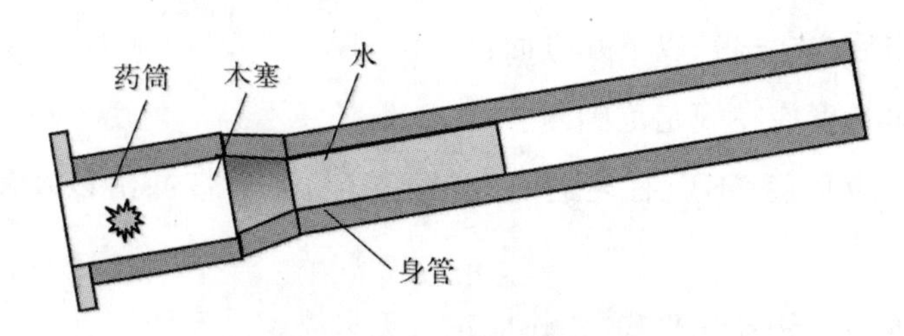

图 1-1 火炮水弹发射原理

由此可见,火炮水弹试验系统主要由试验火炮、装药与水弹三部分组成,三者构成水弹试验的有机整体。

1.2.1　试验火炮

试验火炮是火炮水弹试验的主体，也是受考核对象。试验火炮包括牵引火炮、车载火炮、轮式自行火炮和履带式自行火炮四类，其中自行火炮技术先进、结构复杂，是火炮的发展方向，是我军炮兵未来主战装备。因此，火炮修后水弹试验火炮主要是自行火炮，也是本书关心的重点装备。上述四类火炮的结构原理各不相同，以结构原理复杂的自行火炮为例说明其简要结构。

自行火炮主要由火力系统、推进系统和火控电气系统三部分组成。其中火力系统是发射各种弹药的发射平台，由炮身与炮闩、摇架与反后坐装置、供输弹机、瞄准机、瞄准装置和炮塔等组成；推进系统俗称底盘，为自行火炮运行的推进装置，也是火力、火控系统的运载平台，由发动机、传动装置、行动装置、操纵装置和车体等组成；火控电气系统用于控制火力系统的发射过程、上下级的通信联络和自行火炮的防护等，由火控系统、通信系统、防护系统和其他供配电系统等组成。自行火炮火力系统的修理质量，最终通过水弹试验来综合考核；推进系统的修理质量由行驶试验来考核。

为确保火炮水弹试验的安全性、针对性和有效性，试验前应对试验火炮在完整状态下进行全面的技术检查，应重点检查火炮的击发性能、反后坐装置性能，技术状态检验合格后方可进行水弹试验。同时，为兼顾全面考核试验火炮击发性能，牵引火炮水弹试验一般采用拉火绳发射方式；自行火炮通常首发采用拉火绳车外发射方式，中间一发采用车内机械击发方式，最后一发则采用车内电动击发方式，以全面考核试验火炮的击发性能。

火炮水弹试验时，由于水的密度远大于火药气体的密度，向前冲出的高速水柱对炮口制退器的作用力远大于火药气体对炮口制退器的冲击力，因而，从炮口喷出的高速水柱很容易将炮口制退器打裂，造成不必要的损坏及后续危险。如图 1-2 所示，为了防止水弹试验时损坏炮口制退器，都需卸下炮口制退器；同时，为了弥补炮口制退器的重量，又在火炮身管前端加工、安装炮口制退器的等质量配重体，使试验火炮的后坐部分质量与带炮口制退器的火炮后坐部分质量相等。炮口制退器配重体与身管的连接方式，可借用炮口制退器的连接方式，即充分利用身管的前端螺纹，将其旋接在身管前端。

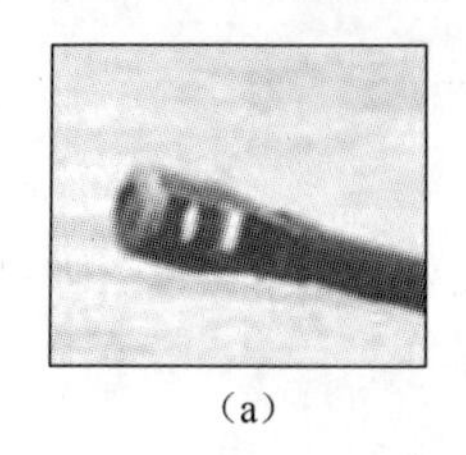
(a)

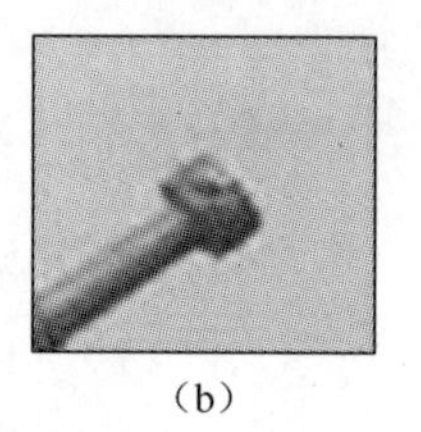
(b)

图 1-2　炮口制退器及炮口制退器配重体

(a) 炮口制退器;(b) 炮口制退器配重体。

火炮实弹射击时,炮口制退器消耗了巨大能量,以减小对炮架受力;火炮水弹试验时,由于拆除了炮口制退器,只能通过装水质量的配重来消除因缺少炮口制退器对火炮射击的影响。

1.2.2　装药

装药是火炮水弹试验的能源,是试验火炮产生后坐与复时运动的动力源。火药是具有一定形状尺寸的固体物质,如图 1-3 所示,当给予适当的外界作用时,它便能在没有任何助燃剂参与下,急速地发生化学变化,有规律地放出大量气体和能量。

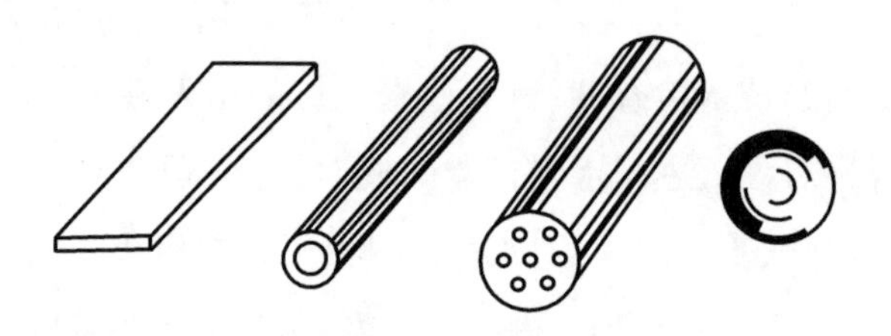

图 1-3　几种典型药形示意图

火药通常分为混合火药和溶塑火药两大类。混合火药是将可燃物、氧化剂、粘合剂和其他附加物先机械混合再压制成一定形状而制成。火炮中最常用到的混合火药是黑火药,它的主要成分是硝酸钾、硫和碳。这是历史上最早使用的火炮发射药,后来由于溶塑火药发明而被取代,但目前仍被广泛用于点火系统。

溶塑火药的基本成分是硝化纤维素,它被溶解在某些溶剂中,变成可塑性材料后压制加工成所需的形状。根据所用的溶剂不同,溶塑火药还分为单基药、双基药和三基药。

单基药的能量基是硝化棉,其他成分用来保持安定和控制燃烧率,目前主要用于中小口径的武器中。

双基药用硝化甘油作为溶剂,硝化甘油是一种高能量的爆炸物,因此双基药燃烧的火焰温度高,产生的能量多,保留较高的热力效率。双基药生产周期较短,并可以做得较厚,可用于大口径火炮中。双基药成分配比可在较大范围内调整,在能量上能满足多种弹道性能的要求。它的缺点是对炮膛内壁的烧蚀作用较大,在储存过程中硝化甘油容易析出,影响安定性。

为了维持双基药易制造的优点又限制其高烧蚀性的缺点,故加入第三种成分硝基胍,这就是三基药。因硝基胍是一种"冷燃"火药,它使三基药的燃烧温度基本上与单基药相似,但仍保持较大的推进潜能。

典型的火药能量特征量是定容燃烧温度,它是火药在绝热、定容条件下燃烧,其生成物气体所具有的最高温度。内弹道学中还用到火药力的概念,它是火药燃气的气体常数与定容燃烧温度的乘积,即

$$f = RT_1$$

式中:f——火药力;

R——火药燃气的气体常数;

T_1——定容燃烧温度。

火药力的大小与单位质量火药的全储能量成比例,它标志了火药作功能力的大小。

为便于修理机构实施水弹试验,全面考察火炮技术性能,修理规程明确规定:试验用装药采用该炮的制式全装药。试验装药应为同一批次,并应有产品合格证。目前,部队射击使用的制式装药有以下几种:

(1) 药筒分装式炮弹。大口径的加农炮、加榴炮和榴弹炮等压制火炮,均采用药筒分装式炮弹,即弹丸和药筒两次装填。其目的有两个方面:一是采用变装药方式,可以在同一射角实施不同射程的射击;二是弹丸、药筒分次装填,可以克服大口径火炮弹丸、药筒质量大,一次装填困难的问题。

因此,采用药筒分装式的压制类火炮的水弹试验,可直接采用带全装药的药筒。

(2) 药筒定装式火炮。对于坦克炮、反坦克炮等直瞄火炮,弹丸、发射药和药筒质量相对小,加工制造时通常做成整体炮弹,射击时一次装填,有利于提高射速和先敌开火。

因此,采用药筒定装式炮弹的直瞄火炮水弹试验,试验前需用专用的拔弹机

构将弹丸与药筒分离,只用其带装药的药筒。拔弹时,应注意安全,不可破坏药筒及其内部装药结构。

1.2.3 水弹

火炮水弹试验通过发射水弹,产生与实弹射击相似的后坐与复进运动,以动态方式考核火炮的修理质量。因此,水弹是火炮水弹试验系统的重要组成部分,其物理、力学性能直接关系到火炮水弹试验的质量。水弹主要由按要求制作的木塞和一定质量的水(低温时用专用液体)两部分组成。

1. 木材特性

木材为树干的加工产品,它是一种天然高分子有机材料,由纤维素、半纤维素和木素组成。木材因其质量小、强度较高、弹性大、韧性好,其导热性低、耐冲击和振动,容易加工,得到广泛应用,水弹专用木塞。

木材力学性能主要有密度、强度(抗压强度、抗拉强度、抗弯强度3种)、硬度。

(1) 密度。一般以含水率为5%时的气干木材的密度为标准。含水率或含水量(%)是指木材中水分含量,用水分质量和木材质量之比表示。木材按含水量可分为湿性木材(23%以上)、半干木材(18%~23%)和气干木材(10%~18%)3种。

(2) 抗压强度。抗压强度是指木材所能承受压力载荷的最大压力,通常分为顺纹方向(力与纹理平行)和横纹(力与纹理垂直)两种抗压强度,其中顺纹抗压强度是木材使用的最重要的主要指标,是木材强度中有代表性的性能之一,多数情况用于承受压力。常见的顺纹抗压木结构构件有支柱、木桩等。横纹抗压强度较小(如枕木、垫木),横纹全部抗压强度约为顺纹抗压强度的10%,但横纹局部强度比横纹全部抗压强度大20%~25%。

(3) 抗拉强度。抗拉强度是指木材所能承受拉力载荷的最大压力,通常分为顺纹方向(力学与纹理平行)和横纹方向(力学与纹理垂直)两种抗拉强度,顺纹抗拉强度是横纹抗压强度的3~4倍。

(4)抗弯强度。抗弯强度是指木材承受施加弯曲载荷的能力。木材抗弯强度比顺纹抗压强度大(为其1.5~2倍),比顺纹抗拉强度小(为1/3~1/2)。

(5) 硬度。木材按硬度可分为硬质木、软质木和软硬适中木3种。

2. 水弹木塞材质

水弹木塞选取的总原则是合理使用、适材适用、就地取材与厉行节约。具体选材时应考虑使用对象的工作条件,根据其特定用途及对木材材质的要求选用;应考虑所选木材树种的森林蓄积量、产区分布情况;合理使用,少用珍贵树种。

水弹木塞除用以堵塞炮膛防止液体外流外,还赋予水弹一定的启动压力,确保装药在膛内完全燃烧,并形成一定的膛压。因此,水弹试验用木塞除了其结构形状要求外,还要求木塞具有良好的力学与物理特性。

(1) 良好的弹性,能够密闭药筒前方的液体,防止其后装药受潮。

(2) 足够的强度,能够承受火炮水弹试验时的高膛压。

(3) 较高的硬度,在膛内运动时具有较好的耐磨性。

(4) 较高的韧性,木塞装填过程及膛内运动时不易发开裂现象。

由此可知,水弹木塞材料应选择优质湿性硬杂木料(如桦木、枫木、松木)。木塞径向上主要承受挤进膛线时的径向压应力,轴向上主要承受其后部的火药气体压力,即主要承受压应力。加工时应按顺纹加工,以利用较高的顺纹抗压强度。木塞的表面应光洁,不应有裂纹、结疤、空洞等缺陷,以防影响木塞的抗压强度(表1-1)。

表1-1　部分木材力学性能

材　质	密度 /(kg/dm^3)	顺纹抗压强度 /MPa	抗弯强度 /MPa	顺纹抗剪强度 /MPa	弯曲模量 /(N/m^2)
柏木	0.6	53.25	98.56	10.89	10.76
红桦	0.597	44.42	90.71	11.38	10.59
白桦	0.607	41.19	85.81	10.40	10.98

3. 木塞形状与尺寸

水弹木塞应按要求尺寸与形状制成,如图1-4所示。木塞的形状一般与身管药室靠近坡膛部分的形状相吻合,通常由圆锥段和圆柱段两段组成,前端为圆锥体,后端为圆柱体。木塞尺寸主要受火炮内膛结构尺寸、装填到位结构尺寸影响,图1-4中,d 为木塞小端直径,D 为木塞大端直径,L 为木塞长度,L_1 为木塞圆锥部长度。圆锥体小端直径应大于炮膛阴线直径0.2~0.4mm,圆锥体大端直径及圆柱体直径应大于药室内径0.2~0.4mm。

木塞长度主要考虑装入木塞并打击到位后,不影响药筒的装填,并提供足够的摩擦力使火药燃烧初期的压力接近实弹射击时的挤进压力 p_0。

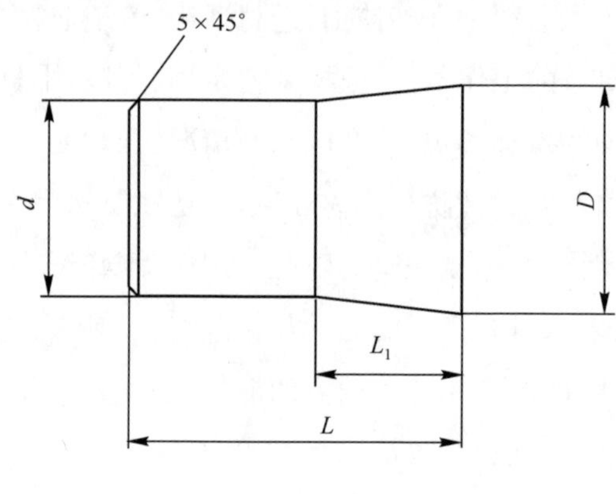

图 1-4　木塞形状尺寸

4. 水或专用液体

火炮水弹试验环境温度在 0℃以上时,一般使用清水;当试验环境温度低于 0℃时,则需使用专用液体(密度为 1.3g/cm^3)。专用液体的凝固点近于 -35℃,其主要成分如下:

氯化钙($CaCl_2$)　　40%

铬酸钾(K_2CrO_4)　　1.5%

苛性钠(NaOH)　　0.1%

水(H_2O)　　58.4%

水弹之装水质量(或专用液体量),对不同的火炮各有具体的规定。

1.3　火炮水弹试验要求与依据

火炮修后水弹试验检验的目的是为了综合检查火炮修后质量,其具体检查内容如下:

(1) 反后坐装置的密闭可靠性。水弹试验时,反后坐装置是否存在漏液、漏气现象。

(2) 火炮后坐与复进动作可靠性。水弹试验后火炮后坐与复进运动是否正常,有无后坐过长、过短,复进不足或过猛现象发生。

(3) 炮闩各装置的工作可靠性。开关闩、击发、复进抽筒动作是否正常。

(4) 火炮其他总装配质量,如火炮射击冲击对瞄准具的松动、高低机方向机的自锁有无影响。

由火炮水弹试验机理与试验目的可归纳出火炮水弹试验的技术依据如下:

(1) 为检验水弹试验、实弹射击的火炮后坐与复进运动规律的相似性,火炮水弹试验、实弹射击时的炮膛合力冲量应一致。反后坐装置将作用时间极短、作用力巨大的炮膛合力转换成作用时间相对较长、作用力相对较小的后坐阻力;炮膛合力与后坐阻力冲量相等。对于反后坐装置相同的同一火炮,如该炮水弹试验、实弹射击时的炮膛合力冲量一致,则该炮水弹试验、实弹射击时火炮作相似的后坐与复进运动。

(2) 水弹试验、实弹射击时,火炮后坐距离应一致,即达到火炮规定的正常后坐距离。

由(1)分析可知,火炮实弹射击时(标准射击条件)的炮膛合力冲量是一定的,而水弹试验时的冲量是随着装水质量的变化而变化的,由水弹试验、实弹射击炮膛合力冲量相等可知水弹试验的装水质量。

水弹试验后坐距离也要求达到正常后坐距离,由此可分析计算出火炮对应的装水质量。

(3) 为检验火炮水弹试验后开闩与抽筒动作,应确保火炮水弹试验、实弹射击时,到达自动开闩板时的复进速度基本一致。

火炮实弹射击时,火炮到达自动开闩板时复进速度一定,同一位置水弹试验时的复进速度不低于实弹复进速度,则水弹试验开闩抽筒动作正常。

综上所述,水弹试验机理可归结如下:

(1) 水、实弹射击方式,后坐距离均为正常后坐距离。

(2) 水、实弹射击方式,开闩速度相近。

(3) 弹道性能相同、运行方式不同的同一口径火炮,水弹试验参数相同。

1.4　火炮水弹试验过程分析

1.4.1　水弹膛内的高速运动

火炮水弹试验时,击针撞击底火(机械击发)或击针将电流传导给电底火(电击发),将底火或火帽引发。底火引发后,它迅速点燃点火药(黑火药),点火药燃烧释放出带有灼热固体粒子的高温气体,先点燃临近的发射药,继而点燃全部发射药。

火药着火后,不断释放出高温的火药气体,这时膛内已有了一定的高温、高压环境,气体膨胀,推水弹向前运动。由于木塞尺寸过盈,首先使木塞挤进膛线,这个过程称为挤进过程。在经典内弹道学中,通常把这个过程看作是瞬时完成的。

从木塞挤进膛线开始一直到出膛口为止的过程是内弹道循环的主要过程。这个过程中相伴着火药的燃烧、水弹的运动、木塞和水同膛壁的摩擦、燃气及未燃完火药的运动、炮身后坐、燃气对身管的传热等各种复杂的现象。一方面,火药的燃烧使木塞后气体压力不断升高;另一方面,水弹的运动使木塞后空间增大,又起了降低膛压的作用。这两种对立过程的净效应,使膛内压力开始上升,达到一个峰值之后,又呈下降趋势。

1.4.2 火炮后坐与复进运动

火药气体一方面向前推水弹高速向前,其向后的反作用力(炮膛合力)使火炮后坐部分后坐运动;同时,反后坐装置产生相应的后坐阻力,阻滞后坐部分后坐运动。弹丸出炮口后,当炮膛合力与后坐阻力相等时,火炮后坐速度达到最大值,随后火炮作减速运动;在后效期末,炮膛合力消失,火炮后坐部分作惯性运动,并在规定距离内停止下来。

随后,在复进机力作用下,火炮后坐部分作复进运动,在复进后期完成开闩、抽筒等动作,直到完全复进到位,恢复射前状态。

1.4.3 木塞与水柱的膛外运动

水弹(木塞与水柱)出炮口后,由于燃气的继续作用,使水弹继续加速,这个过程称为后效期。

木塞出炮口后由于出现巨大的压差,木塞发生爆裂,破碎后在近处落地。木塞爆裂是木塞构件在巨大的压差环境下,整个木塞发生破碎成若干木塞屑的一种现象,是能量(物理能、化学能)转化成机械功并在破坏过程中迅速释放的表现。迄今为止,关于木塞爆裂的机理尚无人研究,但根据爆米花机理、高温混凝土高温爆裂机理可知,主要有两种机理。一是蒸汽压机理,木塞在高温高压的膛内气体作用下,向前高速运动,同时木塞及储存在木塞内部的孔隙水也被加热,孔隙水在达到足够高的温度时开始蒸发，产生蒸汽压，孔压力增加，汽相热膨胀也增加了孔压力，并随温度的升高不断升高，水蒸气压力也升高。由于木塞在膛内受到膛壁的约束，木塞不会发生破裂现象。但当木塞出膛口后，突然进入气压较低的环境中，木塞中的高温高压水蒸气，失去了约束力，便急骤膨胀，使木塞发生破裂。二是热应力机理，高温高压环境下，在木塞内部引起温度梯度，伴随温度梯度产生的热应力，加速木塞爆裂。木塞爆裂破碎是这两种机理同时起作用的结果。

如图 1-5 所示，水柱在空气阻力作用下作惯性运动，直到相继落地。由外弹道学理论及其相关文献可知，处于超声速与跨声速的高速水柱，其所受到的空气阻力主要包括摩阻、涡阻和波阻三部分。其中摩阻主要由空气的黏性造成，当高速水柱运动时，接近高速水柱表面的一薄层空气不断被带动，形成一定阻力，消耗着高速水柱的动能。当某弯曲表面有低速均匀气流经过时，物体的边界层会产生涡流，涡流形成示意图如图 1-6 所示。在涡流区，因为边界层的分离作用，所以会产生低压区，由于边界层的剥离和涡流产生涡阻。高速水柱以超声速运动时，会在压力、温度及密度突变的分界面产生激波，激波会使高速水柱在运动中受到波阻，进一步消耗高速水柱的动能。

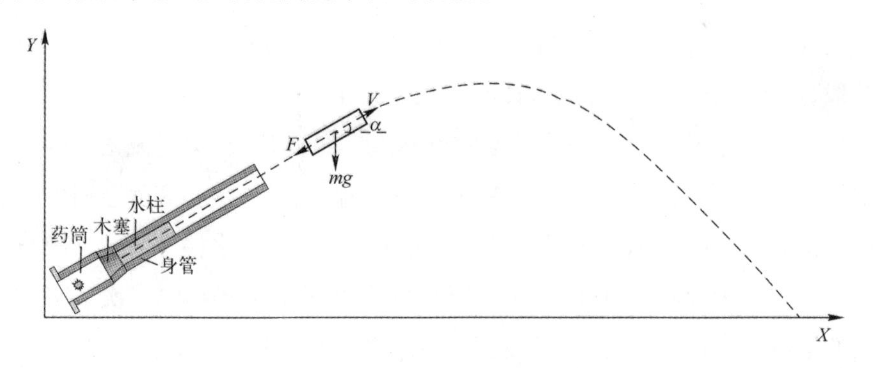

图 1-5　火炮修后水弹试验水弹运动示意图

高速水柱出炮口后，由于惯性，首先以充实圆柱形的方式向前运动。随后，高速水柱受到巨大空气阻力从而发生破碎，通常包括初始破碎、二次破碎与合并 3 个阶段，如图 1-7 所示。当高速水柱受到的外部作用力大于其表面张力与黏性力等内部作用力时，高速水柱从表面开始出现破碎而形成大液滴，其内部未受影响的高速水柱继续以充实圆柱形式向前运动，即初始破碎。初始破碎后形成的大液滴，当空气阻力大于液滴内部的张力时，液滴会发生进一步破碎，即二次破碎。当小液滴向前运动过程中发生碰撞时，又会结合成为一个大的液滴，即合并。

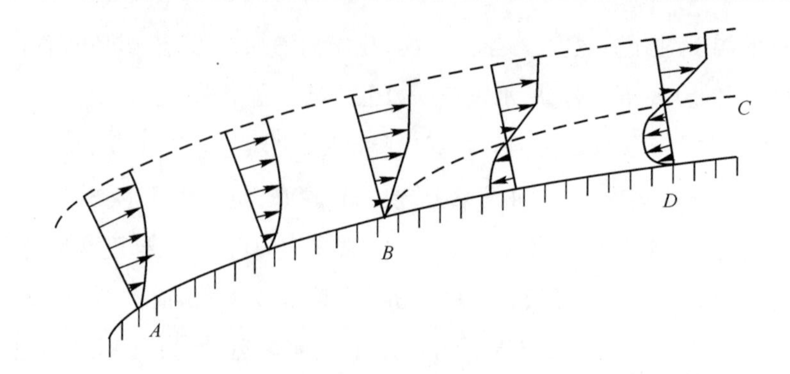

图 1-6　涡流形成示意图

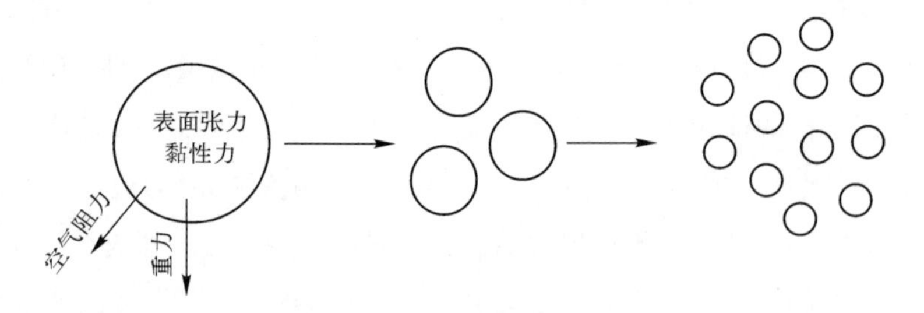

图 1-7　液滴破碎示意图

高速水柱出炮口直到落地的运动过程,可以分为初始段、主流段和发展段 3 个阶段,如图 1-8 所示。高速水柱的初始破碎主要发生在高速水柱出炮口后的初始段。在初始段中,其中心部分保持出炮口后的速度,称为射流核心区。当离开炮口一段距离后,在外部力的作用下,保持初速的射流核心区就会消失。射流核心区消失的横截面称为转折断面。转折断面又将高速水柱分为初始段与主流段。在主流段中,高速水柱的流速逐渐减小,同时在初始破碎与二次破碎下形成大量的液滴。当进入到射流的发展段,高速水柱的流速进一步减小,液滴碰撞合并形成大的液滴直至落地。

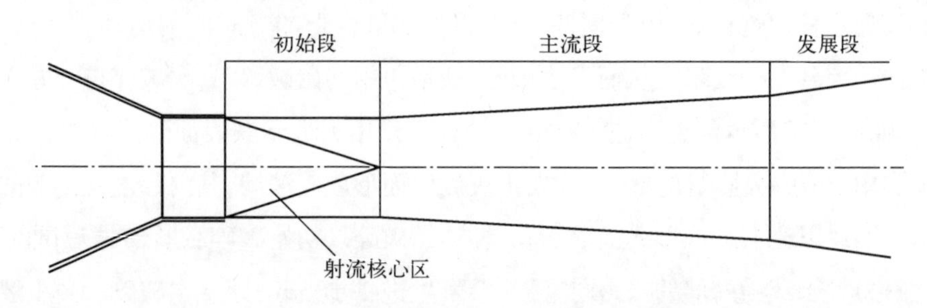

图 1-8　水弹出炮口后结构示意图

1.5　火炮水弹试验现状

火炮生产或修理后验收时，一般都要经过试验与试射来检验火炮生产或修理质量。

1.5.1　火炮新品实弹射击试验

实弹射击试验可采用实弹或砂弹进行，目前大多工厂仍采用实弹射击的方式，对出厂前的新炮进行小型射击试验，综合检验火炮生产质量，包括炮身强度、炮架强度、供输弹机和反后坐装置工作可靠性等。实弹射击方式与部队使用方式完全相同，考核项目针对性和结果说服力强。有实弹射击条件（大型射击靶场）的生产工厂，火炮小型射击试验可采用实弹射击方式进行。但实弹射击也有如下缺点：

（1）对靶场要求高。实弹射击噪声、冲击、炸点严重危害环境与安全，因此，要求在专用射击靶场进行，地理位置、地域面积、设施设备等靶场建设要求严格；实施试验前要对靶场进行封闭清场，并实施警戒。

（2）试验周期长。实弹射击从请示、准备到组织实施，试验周期很长，消耗大量人力、物力；实弹射击还要选择合适的射击时机，如农忙季节、雷雨天气不宜实施射击等。

（3）试验费用高。一般火炮在水平射角、中间射角、最大射角发射 6 ~ 8 发炮弹，每发弹药消耗 2000 ~ 5000 元，试验费用很高。

（4）试验安全性差。实弹射击极易造成试验人员、装备和靶区群众、物资损害，试验引起的人员伤亡事故、民事纠纷时有发生。

1.5.2　火炮新品砂、水弹试验

火炮小型射击交验试验是考核火炮刚度、强度及机构动作最有效的手段，每门火炮都要进行小型射击试验。许多火炮生产工厂受靶场环境条件限制（没有大型靶场），火炮小型射击试验时，高射角不能用砂弹进行射击，只能长途跋涉，经远距离运输到其他靶场进行试验，造成巨大的人力、物力浪费。为缩短试验周期、节约试验成本，便提出了“模拟砂弹交验火炮的水弹试验方案”，即小射角采用砂弹射击、大射角采用水弹试验的方案，全面考核火炮的刚强度及机构动作，

以解决火炮部分高射角与车炮结合的小型射击试验问题。

火炮出厂前的水弹试验，由于其检验项目多，比砂弹试验逼真要求高，因而对水弹参数要求严。但由于水弹试验机理十分复杂，生产工厂主要通过水弹试验实践摸索，确定水弹参数。

首先，在某榴弹炮摸索经验，在水量与实弹质量相等的前提下，探索装药结构与装药量，由于出现火炮内膛轻度胀膛而停止。随后，该厂又在某自行榴弹炮上进行水弹试验，工厂、军代室经过一年时间的努力，经过反复试验(20门批次，射弹237发，其中砂弹67发，水弹170发)，通过调整装药品号、装药量和装水质量等装填条件，最终获得成功应用，提出了满足砂、水弹膛压，后坐阻力，后坐长，后坐复进速度等一致的方案。以后在另外3种同口径火炮上推广应用，形成较为规范的水弹试验方法。水弹试验要求做到以下几点：

(1) 为了考核火炮身管的强度和抽筒性能，应使砂弹射击、水弹试验产生的最大膛压尽量一致，而且两者膛压曲线 $p-t$ 形状相似，不应损伤身管内膛表面。

(2) 为了考核火炮各零部件的刚度、强度，应以火炮最大后坐阻力、阻力功为依据，砂弹射击、水弹试验的最大后坐阻力、阻力功应基本一致。

(3) 为检查反后坐装置和半自动机各机构动作，砂弹射击、水弹试验的后坐阻力曲线、后坐复进速度曲线形状应相似，大小应相当。

(4) 在保证以上技术要求下，使装填条件、试验要求、测试条件规范化和标准化。

1.5.3 火炮修后水弹试验

火炮大修工厂，工厂靶场面积小，周围环境复杂，无法进行实弹试验，对于大修后火炮都采用水弹试验方式，进行修后质量检验。

由于与火炮新品水弹试验目的不同，修后火炮水弹试验主要检验火炮机构动作。修理工厂同样受技术、原理限制，从试验角度探索水弹试验参数，目前在老装备已形成较为成熟的试验方法。但对于新型火炮由于出厂时没有水弹试验参数，只能参考相近火炮试验参数，反复试验，摸索出合理的水弹试验参数。

无论火炮生产工厂的水弹小型射击试验与火炮修理工厂的水弹试验，都是从试验的角度，反复试验，才摸索出相应的水弹试验参数，该方法盲目性大，通用性差，并且成本高、周期长。

1.6　火炮水弹试验测试技术

涉及火炮故障诊断用的火炮参数主要有火炮后坐、复进位移与速度,火炮复进机压力,火炮振动频率、振幅等。因此,相应的火炮参数测试主要是火炮后坐、复进位移与速度,火炮复进机压力,火炮振动频率、振幅等测试。

幅值大、时间短是火炮测试的一个特点。这些测试参量变化幅值大,如反后坐装置后坐位移达几百毫米,车体振动前后振动数百毫米,上下跳动数十毫米,俯仰转动能达十多度。发射过程经历时间短,大多在毫秒甚至微秒的时段内转瞬即逝。

测试环境恶劣是火炮测试的另一特点。主要表现如下:测试点位置属于近场冲击测试,激励源既有近距离的爆炸冲击又有近距离的金属构件间的相互撞击。火炮发射中的强冲击、强闪光、强电磁场、高噪声以及烟尘环境、瞬变温度都给测试带来极为不利的影响。这些环境条件在具体实施测试时都会带来很大困难。

就目前常用的测试方法来看,按测量方式可以分为接触式和非接触式。常用的接触式测量方法有机械法、传感器法,常用的非接触式测量方法有光学法、遥测法、声测法。

1.6.1　基于传感器测试的接触式检测研究

机械法测试使用机械式量仪、量规、量表等进行测量,测试方法装置结构简单,但是动态响应特性太差,适合静态测量,不适用于火炮发射动态测试。

传感器测试法是目前比较常用的方法。速度测试可利用单极电磁测速仪、动磁式测速仪、光电式测速仪等设备进行。单极电磁测速仪,也称钢带测速仪,是 20 世纪 50 年代末由苏联引进的测速仪,适用于低射速大口径长后坐的火炮,目前已基本被淘汰。动磁式测速仪其基本原理与单极电磁测速仪相同,适用于中小行程的测速。但该仪器有以下缺点:结构复杂,工作不可靠;电枢质量较大,影响运动速度;自感现象易引起误差。光电式测速仪是较新研制成的测速系统,适用于口径为 57 ~ 155mm 各种火炮后坐运动速度的测试,具有一定的先进性,主要优点是:使用该仪器不需标定;测试精度有所提高,测试曲线光滑;应用微机进行数据处理。压力测试的方法很多,主要有以下几种:机械测压法;应变测压法;压电测压法;压阻测压法;电容测压法;电感测压法。制退机、复进机内的压力测试可利用应变测压法:根据制退机和复进机的压力参数及后坐时间,选用恰当的薄壁圆筒传感器和压阻式传感器,同时配以应变仪和光线示波器完成测试。

速度测试数据的处理如下:

(1) 使用单极电磁测速仪和动磁式测速仪时,需用手工进行数据处理。首先,选取理想的记录曲线;其次,测量曲线;最后,计算速度和时间。

(2) 使用光电式测速仪时,可自动进行数据处理,并绘出相应曲线。

压力测试数据的处理如下:同样需要手工进行数据处理,选取若干条理想的记录曲线;测量曲线;计算出制退机外腔内腔压力、复进机压力并绘图。

以上这些测试方法普遍存在着误差较大、灵敏度不高、数据处理效率低等缺点,尤其是对反后坐装置故障的诊断没有实现自动化、智能化,只能人为地根据曲线图进行大概判断,不能得出故障部位及故障的准确数据。

1.6.2 基于视频图像相关原理的非接触式检测研究

传感器测试法拆装困难,效率低,通用性差。随着科学技术的飞速发展,为现代测量技术领域注入新的活力,光学法、声测法等非接触测试方法开始出现。其中,利用高速摄影的光学测量方法由于其可实现非接触测量,且其动态响应特性好,抗干扰能力强,在现代兵器测试中应用越来越多。

针对火炮发射的测试特点和发射环境恶劣的不利条件,基于视频图像技术的测试方法较传统测试方法具有非接触、动态响应特性好和抗干扰能力强等优点。

(1) 视频图像测量技术。从视频获取的图像序列为我们提供了比单一图像更丰富的信息。随着微电子技术的飞速发展,高速处理芯片和高速、大容量存储器芯片的出现与普及,使计算机对图像的存储量和处理速度有了长足的进步,为图像序列分析提供了有力支持,使得对动态图像的分析成为现实,并已成为一个有着广泛应用价值的研究领域,引起人们越来越浓厚的兴趣。

视频图像测量技术是把图像当作检测和传递信息的手段或载体加以利用,从图像中提取有用的信号,通过对被测图像的处理而获得所需的各种参数,具有非接触、全视场测量、高精度和自动化程度高的特点。

图像测量技术在国外发展很快,早在20世纪80年代,美国国家标准局就预计检测任务的90%将由视觉测试系统来完成。美国在20世纪80年代就有100多家公司跻身于视觉测试系统的经营市场。在1999年10月的北京国际机床博览会上已见到国外利用视觉检测技术研制的仪器,如流动式光学三坐标测量机、高速高精度数字化扫描系统、非接触式光学三坐标测量机等先进仪器。

数字图像相关测量方法是应用计算机视觉技术的一种图像测量方法,该测量方法是在20世纪80年代初期由日本的Yamaguchi和美国的Peters教授、Ranson教授等人同时提出的,并取得了长足的发展。1983年,Peters等学者应用数字相关方法进行了刚体位移测量方面的应用研究工作,同年,Sutton等学者提出了粗-细相关搜索法,对原有的数字相关方法做了简化,大大减少了运算量,加快了处理速度。1984年,Z. H. He和Sutton等对二维流速测量进行了应用研究,使该方法的应用领域扩展了一步。1985年,T. C. Chu和Ranson等对数字相关方法的精度进行了实验研究,完善了这种测量方法的理论。1986年,Sutton等又提出了一种优化搜索法,在不降低精度情况下使测试的速度提高20倍左右。1988年,Sutton等从理论上分析了亚像素恢复过程所带来的测量误差,提出了亚像素恢复的合理方法。1993年,加拿大Ryerson大学的陆桦教授,从统计学原理出发,对数字相关图像测量方法的随机误差进行了分析,提出了减少误差的措施。

国内高建新等人对数字图像相关方法进行理论分析,并应用到刚体位移测量,但当时的精度和灵敏度都很低。1995年,高建新总结了相关搜索方法提出了多用途数字相关测量系统,并在生物力学研究中开始应用。徐铸教授在细观测量方面作了大量理论与应用研究工作,成果卓著。1997年,计宏伟对这一方法又进行了系统分析和理论阐述,王冬梅也对试验中的误差和精度提出了新的想法。从未来的发展上看,随着计算机技术和图像采集设备性能的提高,数字图像相关技术的测量精确度和速度也将得到飞速发展,从而使其应用更加广泛。

(2)图像匹配技术。图像匹配技术是火炮测试中目标定位的一项关键技术。国内外研究者对图像匹配开展了大量的研究工作,提出了很多图像匹配方法,并取得了较好的成果。按照Brown理论,图像匹配包括特征空间、搜索空间、搜索策略、相似性度量和决策策略。

① 特征空间。特征空间是指从图像中提取出来用于匹配的信息,如图像的灰度值、边缘、轮廓、显著特征(如角点、线交叉点、高曲率点)、统计特征(如矩不变量、中心)、高层结构描述与句法描述等。针对不同的图像合理地选择匹配特

征可以提高匹配精度,降低匹配复杂程度。

② 相似性度量。相似性度量用来衡量匹配图像特征之间的相似性程度。对于区域相关算法,一般采用相关作为相似性度量,如互相关、相位相关等,而对于特征匹配算法,一般采用各种距离函数作为特征的相似性度量,如欧氏距离、街区距离、Hausdorff 距离等。

③ 搜索空间。图像匹配问题是一个参数的最优估计问题,待估计参数组成的空间即搜索空间。也就是说,搜索空间是指所有可能的变换组成的空间。

④ 搜索策略。搜索策略是指采用何种方式在搜索空间中寻找相似性最大的模板位置。搜索算法对于减少计算量有重要意义,常用的搜索策略有穷举搜索、层次性搜索、多尺度搜索、序贯判决、松弛算法、启发式搜索等。

⑤ 决策策略。为了提高匹配精度和匹配概率,往往采用多次匹配或多特征进行匹配,那么,就会得到多个匹配结果,这些匹配结果要采用一定的策略进行选择或组合为最优的匹配结果。图像匹配的几个因素是相互联系、相互影响的,匹配算法是这些匹配过程的不同方法的组合。

图像匹配的方法很多,一般分为两大类:一类是基于灰度匹配的方法;另一类是基于特征匹配的方法。

图像匹配技术在近代信息处理领域中的应用范围越来越广泛,而图像数据量庞大这一显著特点,严重制约了图像匹配技术的实时应用。图像匹配的准确性和实时性是现今在具体应用上存在的一对矛盾体,如何在保持匹配准确性的同时,提高其匹配速度是现阶段急需解决的问题,也是目前对匹配算法的研究重点。在序列目标图像分析、跟踪、识别与测试等实际应用中,应用较多的是模板匹配,即根据已知的图像模式在另一幅图像中搜索类似模板的目标,不仅需考虑实际环境的光照变化,任何非规则的匹配对象以及不受复杂背景的干扰,而且需尽可能提高匹配速度,增加处理效率。

1.7 火炮故障诊断技术研究动态

1.7.1 故障诊断技术的基本概念

故障诊断是一门综合性极强的高新技术,内容涉及数学、力学、机械、电子、测试、信号处理、人工智能和计算机网络等学科领域。它是指在一定工作环境中查明导致系统某种功能失调的原因或性质，判断劣化状态发生的具体部位或部件，以及预测状态劣化的发展趋势等。它大体上由三部分组成：第一部分为故障诊断物理、化学过程的研究；第二部分为故障信息学的研究，它主要包括故障信号的采集、选择、处理与分析过程；第三部分为诊断逻辑与数学原理方面的研究，主要是通过逻辑方法、模型方法、推理方法及人工智能等方法，根据可观测的设备故障表征来确定下一步的检测部位，最终分析判断故障发生的部位和产生故障的原因。

根据识别故障采用的方法不同，可分为基于系统模型的故障诊断和基于模式识别的故障诊断。

基于系统模型的故障诊断：对于动态系统，若通过理论或实验方法能够建立模型，则系统参数或状态的变化可以直接反映设备物理系统或物理过程的变化，为故障诊断提供依据。基于系统模型的故障诊断涉及模型建立、参数估计、状态估计和观测器应用等技术，其中，参数与状态估计技术是该方法的关键，需要精确的系统模型。

基于模式识别的故障诊断：模式识别是对一系列过程或事件进行分类或描述，主要分为统计法和语言结构法两个类别。故障诊断可以视为模式识别过程：测量并记录设备的运行状态参数，从中提取故障征兆参数，不同的故障状态，其对应的征兆参数形成不同的模式，将系统的状态模式与故障字典中的故障样本模式进行匹配，从而识别出设备的故障。

1.7.2　故障诊断技术的发展状况

故障诊断技术最早起源于美国，1967 年，在美国宇航局（NASA）的倡导下，由海军研究室（ONR）主持成立了机械故障预防小组（MEPG），开展故障诊断工作；20 世纪 60 年代末至 70 年代初，英国以 R. A. Collacott 为首组织成立了机械健康监测中心（MHMC），也开始了故障诊断的研究工作。此后，故障诊断技术逐渐在世界范围内推广普及。我国的故障诊断工作大约始于 20 世纪 70 年代末至 80 年代初，虽然起步较晚，但是发展迅速。

故障诊断技术发展至今已经历了 3 个阶段：

在第一阶段，由于设备比较简单，故障诊断主要依靠专家或维修人员的感觉器官、个人经验以及简单仪表来进行故障的诊断与处理工作。

在第二阶段,传感器技术、动态测试技术以及信号处理技术在故障诊断中得到了广泛的应用,但是诊断决策还需要人工完成。

20 世纪 80 年代以来,由于设备日益趋向大型化、复杂化、自动化以及机电液一体化,影响设备工作状况的因素越来越复杂,导致设备出现故障的原因也越来越多,传统的故障诊断技术已经不能适应生产发展的需要。随着计算机技术和人工智能技术逐步向故障诊断领域渗透,故障诊断进入了发展的第三阶段——智能故障诊断阶段,其发展方向是诊断技术和前沿科学的融合。当前故障诊断技术的发展趋势是当代最新传感器技术的融合、最新信号处理方法的融合、与非线性原理和方法的融合、多元传感器信息的融合、现代智能方法的融合。

智能故障诊断技术是一种基于专家知识和人工智能技术的诊断方法,是人工智能技术在故障诊断领域中的应用,它是计算机技术和故障诊断技术结合与发展的结果,在国内外已得到了普遍重视和广泛利用。智能诊断的本质是模拟人脑的机能来处理各类模糊信息,有效地获取、传递、处理、再生和利用故障信息,成功识别和预测诊断对象的状态,能根据诊断的误差自动修正诊断的模型,并具备自动获取知识和知识环境变化的能力。智能故障诊断系统与诊断对象之间的关系如图 1-9 所示。

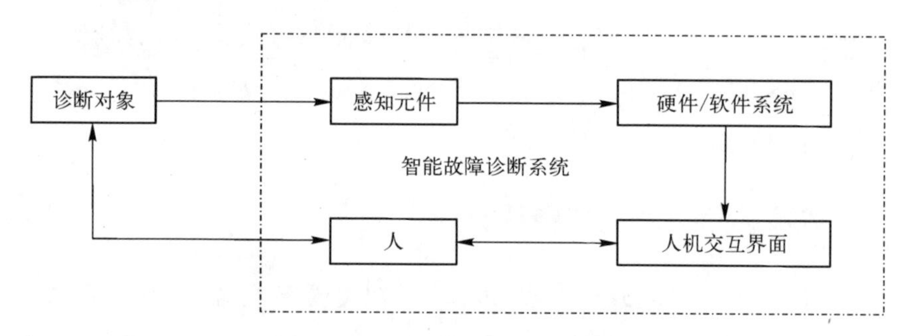

图 1-9　智能故障诊断系统与诊断对象之间的关系

与传统的故障诊断技术相比,智能故障诊断技术的优越性如下:综合了多个专家的最佳经验,功能水平可以达到甚至超过专家的水平,实现了人机联合诊断,能够对多故障、多过程和突发性故障进行快速分析诊断,并能有效预示故障的发生。

一、国外发展状况

国外的故障诊断技术发展迅速。目前,西方国家正投入大量的人力、物力进行该项技术的工业化研究以及相关基础性应用技术研究。美国自 20 世纪 70 年代开始进行以可靠性为中心的状态检修技术研究,应用于军用飞机、船舶和车辆上,在 80 年代,民用工业如能源、电力、机器制造和电子工业等也开始采用,并取得了显著成绩;欧洲国家的监测诊断技术发展也比较迅速,并且在某些方面独具特色和优势,如瑞典的轴承诊断技术、挪威的船舶诊断技术、丹麦的振动和噪声监测诊断技术等。从 1996 年 5 月起,欧洲共同体的英国、法国、芬兰和希腊等国家为了提高状态监测和诊断系统的功能与精度,还开始实施了利用人工智能和仿真技术的“VISIO”大型联合项目的研究;日本密切关注世界先进国家的动向,积极引进和消化吸收最新技术,努力发展自己的诊断技术。

西方国家已经推出面向大型机械设备状态监测与故障诊断的商品化系统,如美国 Bently 公司最新开发的状态监测系统 System 1 ™,实现了对旋转机械和往复机械的监测诊断功能;美国 Rockwell Automation Entek 公司在设备预知维修技术方面处于领先地位;瑞士 ABB 公司目前正在大力发展以计算机为核心的人机联合系统 Vibro - View,借助软件实现对机器故障的精确诊断。

二、国内发展状况

我国在故障诊断技术方面的研究和应用相对来说开展得比较晚。在 1979 年以前,一些大专院校和科研单位结合教学与有关设备诊断技术的研究课题,逐步开始进行机械设备故障诊断技术的理论研究和小范围内的工程实践应用研究。从 1979 年开始,一些工厂企业在熟悉苏联维修体制的基础上,开始研究美国、德国、瑞典和日本等国的维修体制。20 世纪 80 年代,国内开始着手组建故障诊断的研究机构,其发展经历了从简单诊断到精密诊断、从单机诊断到网络诊断的过程,发展速度越来越快。与发达国家相比,我国虽然在理论上跟踪紧密,但是,总体而言,在机械设备诊断的可靠性等方面仍存在一定的差距。目前,我国的一些民用工业,特别是石油、化工、冶金和电力等部门,在开发和应用设备诊断技术等方面比较活跃,走在了其他行业的前面。

随着国内故障诊断技术的逐步发展和完善,一些高等学校和科研院所也先后推出了一些状态监测与故障诊断系统投入了实际运行,如清华大学针对汽轮发电机组开发了振动监测分析与诊断系统 VMADS,通过计算机网络传输在线采集的振动数据，分别在现场分析站和远程中心站进行监测、分析和诊断；西安交通大学研制开发的分布式监测与远程诊断系统 DMRDS，具有开放的标准网络结构，可以和企业中的分布式控制系统 DCS 以及管理信息系统 MIS 集成，提高了设备的管理水平，降低了系统成本；华中理工大学对基于知识的智能诊断理论进行了深入研究，并且针对具体对象研制开发了发动机诊断系统 KBSED 和汽轮发电机组诊断专家系统 DEST。国内的故障诊断技术紧密跟踪了国际发展趋势，在智能诊断和远程诊断方面已经取得了一些成果。

第2章　火炮修后水弹试验内弹道学

火炮水弹试验内弹道学主要用来研究水弹在膛内运动的规律,其研究对象是膛内的射击现象,主要包括火药的燃烧规律、水弹在膛内的运动规律以及火药气体压力的变化规律。火炮水弹内弹道研究是火炮水弹试验动力学、火炮水弹试验参数确定和火炮水弹试验安全性研究的基础,是火炮水弹试验的重点和难点,因此该研究内容是本书的重点内容。

火炮水弹试验与实弹发射既有联系又有区别,两者相似之处都是利用火药燃烧产生的火药气体能量发射弹丸(水弹);不同之处,实弹是刚性弹体,弹丸质量不变,由木塞与水构成的水弹在膛内运动现象区别较大,而且由于水柱较长,在膛口段出现弹丸质量随程变化的现象。火炮实弹射击内弹道研究很多,理论也相对成熟,主要有着眼于膛内平均参量的经典内弹道理论和参量随时间和空间变化的气固两相流理论。经典内弹道学模型简单实用,被广泛应用于火炮内弹道设计等工程实践。火炮水弹试验内弹道过程符合经典内弹道模型的运动过程,计算规律与火炮实弹内弹道过程相似,只需对水弹质量随程变化加以修正,并调整弹丸(装水质量)的启动压力、次要功系数等参数。因此,本书参考火炮经典内弹道模型,建立火炮修后水弹试验的内弹道计算模型。

2.1 火炮水弹试验内弹道时期

火炮水弹试验内弹道现象较为复杂,水弹(木塞与水)的运动较传统弹丸的运动更为复杂。同经典内弹道一样,通常将火炮水弹试验的内弹道过程分为3个阶段:

1. 前期

从水弹发射后,底火点燃装药开始到木塞完全挤进膛线为止的阶段。根据瞬时挤进的假设,可以认为该时期火药在定容条件下燃烧。该时期结束时,木塞后燃气的平均压力 p_0 称为启动压力,即膛内压力一旦达到水弹启动压力,水弹(木塞与水)就开始运动。

2. 第一时期

水弹(木塞和水)启动到火药燃烧完毕的阶段。这一时期的特点是火药燃烧和水弹运动同时进行,膛内压力经历了从小到大、达到峰值后又下降的过程。

3. 第二时期

从火药燃烧完毕到水弹木塞离开炮口称为第二时期,该时期火药燃气继续膨胀做功。在水弹实际射击中,也可能会出现这种情况:火药尚未燃完但水弹木塞已到达膛口,这时射击过程不经历第二时期。为了充分利用火药,并确保射击安全,在内弹道设计的实践中应尽量避免这种情况发生。

2.2　火炮水弹试验内弹道计算模型

2.2.1　基本假设

为内弹道建模与计算方便,经典内弹道模型作以下假设:

(1) 火药燃烧遵循几何燃烧定律。

(2) 膛内气流运动遵循拉格朗日假设,且设药粒均在平均压力下燃烧,遵循燃烧速度定律。

(3) 内膛表面热散失用减小火药力 f 或增加比热比 k 的方法间接修正。

(4) 内弹道过程所完成的总机械功与 $\varphi mv^2/2$ 成正比。

(5) 火药燃气服从诺贝尔 - 阿贝尔状态方程。

(6) 单位质量火药燃烧所放出的能量及生成的燃气的燃烧温度均为定值,在以后膨胀做功过程中,燃气组分变化不予计及,因此虽然燃气温度因膨胀而下降,但火药力 f、余容 α 及比热比 k 均视为常数。

火炮水弹试验有其特殊性,在火炮实弹射击假设基础上,水弹试验内弹道分析还需另作如下假设:

(1) 水弹的水柱在膛内呈圆柱形。小角度水弹试验时,如射角为 10°,水柱形状与圆柱形区别比较大,但点火后,在巨大的气体压力作用下,膛内水柱迅速运动成圆柱形状;随着水弹试验射角的增大,膛内水柱成圆柱的初始形状效果要好些。

(2) 水弹试验时,木塞与水不分离,即木塞与水做整体运动;木塞在膛线作用下做旋转运动,水只做平动。

(3) 木塞密闭良好,不存在漏气和漏水现象。如发现漏水现象,木塞应更换,重新安装新的木塞。木塞除初始密闭前方的水,防止水流入后方使发射药受潮外,木塞的松紧程度直接影响到它的启动压力。

（4）装水质量随程变化。水在发射过程中，前期质量不变；当水柱前端面出膛口后，水的质量逐渐减少，直至水柱完全出膛口，水弹质量只剩木塞质量。

（5）木塞瞬间挤进膛线，以一定的挤进压力 p_0 为水弹启动标志。

（6）水弹试验时，火药燃烧参数与实弹射击方式相同。水弹试验采用全装药，为便于计算，其内弹道参数不变。

（7）由于火炮内弹道时间极短，火炮由静止转换为运动，火炮内弹道时期内火炮后坐运动不明显，忽略火炮后坐对内弹道性能的影响。

2.2.2 计算模型

基于以上假设条件，以火炮在单一装药条件下进行水弹试验为前提进行以下推导。

1. 水弹试验时的火药气体状态方程

火炮水弹试验过程中，膛内弹后气体所占的自由容积是在不断变化，影响其大小的因素有初始药室容积、弹丸运动导致的容积增量、未燃完火药所占的容积及燃气余容，此时，火药气体状态方程应为

$$p\left[V_0-\frac{\omega}{\hat{\rho}_p}(1-\psi)-\alpha\omega\psi+Sl\right]=\omega\psi RT \tag{2-1}$$

式中：p——膛内气体平均压力（Pa）；

V_0——火炮药室容积（m^3）；

ω——装药量（kg）；

ψ——火药相对燃烧体积；

α——火药气体余容；

$\hat{\rho}_p$——火药密度（kg/m^3）；

S——炮膛断面积（m^2）；

l——弹丸行程（m）；

R——火药气体常量；

T——火药气体温度（K）。

引入参量

$$\Delta=\frac{\omega}{V_0},\quad l_0=\frac{V_0}{S},\quad l_\psi=l_0\left[1-\frac{\Delta}{\hat{\rho}_p}-\left(\alpha-\frac{1}{\hat{\rho}_p}\right)\Delta\psi\right]$$

式中：Δ——装填密度（kg/m^3）；

l_0——药室容积缩径长（m）；

l_ψ——药室自由容积缩径长（m）。

火药气体状态方程应为

$$Sp(l + l_\psi) = \omega\psi RT \tag{2-2}$$

2. 形状函数

按照几何燃烧定律，不同形状的火药在燃烧过程中，它的相对已燃体积、相对燃烧表面积与相对已燃厚度之间存在一定的函数关系，它们与火药形状特征量χ、λ、μ之间的关系式为

$$\psi = \chi Z(1 + \lambda Z + \mu Z^2) \tag{2-3}$$

$$\sigma = 1 + 2\lambda Z + 3\mu Z^2 \tag{2-4}$$

式中：Z——火药相对已燃厚度；

σ——火药相对燃烧表面积；

ψ——火药相对已燃体积。

它们的定义式分别为

$$Z = \frac{\delta}{\delta_1} \tag{2-5}$$

$$\sigma = \frac{S}{S_1} \tag{2-6}$$

$$\psi = \frac{V}{V_1} \tag{2-7}$$

式中：δ_1——药粒初始厚度的1/2（m）；

δ——药粒已燃厚度（m）；

S_1——药粒初始表面积（m^2）；

S——药粒已燃燃烧表面积（m^2）；

V_1——药粒初始体积（m^3）；

V——药粒已燃体积（m^3）。

根据燃气生成猛度的不同，可以将火药分为渐减性燃烧火药、中性燃烧火药和渐增性燃烧火药。由火药初始形状尺寸所决定的燃烧的几何特性都可在形状特征量中反映出来。

在渐减性燃烧火药中，若用b表示药宽的1/2，l表示药长的1/2，并定义

$$\alpha=\frac{\delta_1}{b}$$

$$\beta=\frac{\delta_1}{l}$$

它的形状特征量则可用下式表达,即

$$\begin{cases}\chi=1+\alpha+\beta\\ \lambda=-\dfrac{\alpha+\beta+\alpha\beta}{1+\alpha+\beta}\\ \mu=\dfrac{\alpha\beta}{1+\alpha+\beta}\end{cases}\tag{2-8}$$

在渐增性燃烧火药即多孔火药中,考虑多孔火药的孔数为 n,药粒孔径为 d,药粒外径为 D。若定义

$$Q_1=\frac{D^2-nd^2}{(2l)^2}$$

$$\Pi_1=\frac{D+nd}{2l}$$

火药燃烧分裂前的形状特征量可以表达为

$$\begin{cases}\chi=\dfrac{2\Pi_1+Q_1}{Q_1}\beta\\ \lambda=-\dfrac{n-1-2\Pi_1}{Q_1+2\Pi_1}\beta\\ \mu=\dfrac{n-1}{Q_1+2\Pi_1}\beta^2\end{cases}\tag{2-9}$$

多孔火药在烧去它的名义厚度时,火药发生分裂,此后的燃烧呈渐减性的特点。如果定义 ρ 为分裂时刻药粒横截面内切圆半径的加权平均值,相对已燃厚度的定义式应表达为

$$\xi=\frac{\delta}{\delta_1+\rho}\tag{2-10}$$

此时,形状函数的表达式与前面稍有不同,可写成二项式的形式,即

$$\begin{cases}\psi=\chi_s\xi(1+\lambda_s\xi)\\ \sigma=1+2\lambda_s\xi\end{cases}\tag{2-11}$$

由简单的运算可导出形状特征量 χ_s、λ_s 表达式为

$$\begin{cases} \chi_s = \dfrac{\psi_s - \xi_s}{\xi_s - \xi_s^2} \\ \lambda_s = \dfrac{1 - \chi_s}{\chi_s} \end{cases} \tag{2-12}$$

其中

$$\xi_s = \frac{\delta_1}{\delta_1 + \delta}, \quad \psi_s = \chi(1 + \lambda + \mu)$$

3. 燃烧速度定律

现代燃烧理论认为,火药燃烧过程是多阶段进行的,是一个连续的物理化学变化过程。按燃烧过程可将燃烧变化分为 5 个区域,但这些区域的大小和多少决定于火药的性质、温度、密度及压力等条件。因此,在内弹道计算中,研究火药的燃烧速度是非常重要的。根据实际计算的需要,选用指数式作为燃烧速度函数,即

$$\frac{dZ}{dt} = \frac{u_1}{\delta_1} p^n \tag{2-13}$$

式中:u_1——火药燃烧系数;

n——燃速指数。

4. 弹丸运动方程

弹丸运动是在火药气体的推力和阻力的作用下进行的。以弹丸为受力对象,提供弹丸前进运动的推力为 Sp_d,p_d 为作用于弹丸底部的燃气压力;弹丸在前进运动中所受的阻力合力为 $F_r = F_N(\sin\alpha - \nu\cos\alpha)$,$F_N$ 为作用于弹丸的正压力,ν 为摩擦系数,α 为膛线缠角。由牛顿第二定律得

$$Sp_d - F_r = m\frac{dv}{dt} \tag{2-14}$$

式中:m——弹丸质量(kg);

v——弹丸的平移速度(m/s)。

令

$$\varphi_1 = \left(1 + \frac{F_r}{Sp_d}\right) \tag{2-15}$$

φ_1 称为阻力系数,它是考虑摩擦及弹丸转动等因素所引进的系数,则有弹丸运动方程为

$$Sp_d = \varphi_1 m \frac{\mathrm{d}v}{\mathrm{d}t} \tag{2-16}$$

内弹道学中，弹底压力 p_d 与平均压力 p 的比值等于阻力系数 φ 与次要功系数 φ_1 之比，即

$$\frac{p_d}{p} = \frac{\varphi_1}{\varphi} \tag{2-17}$$

因此，弹丸运动方程还可表达为

$$Sp = \varphi m \frac{\mathrm{d}v}{\mathrm{d}t} \tag{2-18}$$

由速度的定义得

$$\frac{\mathrm{d}l}{\mathrm{d}t} = v \tag{2-19}$$

式中：l——弹丸行程（m）。

5. 能量平衡方程

在射击时，由于火药的燃烧，膛内产生了大量高温高压的火药气体，与此同时，产生了各种运动形式，这些运动形式都是能量转换的具体表现。归纳射击过程中所存在的能量形式，主要有以下 7 种：

(1) 弹丸直线运动具有的能量 E_1，即弹丸的动能 $\frac{1}{2}mv^2$。

(2) 弹丸旋转运动具有的能量 E_2。

(3) 弹丸克服摩擦阻力所消耗的能量 E_3。

(4) 火药及火药气体的运动能量 E_4。

(5) 身管和其他后坐部分的后坐运动能量 E_5。

(6) 弹丸挤进膛线所消耗的能量 E_6。

(7) 火药气体通过炮管、药筒及弹丸向外传递的能量 E_7。

以上 7 种能量形式都是由高温高压的火药气体的热能转换而来的，除损失的能量 E_7 外，在前 6 种功中，弹丸的直线运动的动能 E_1 最大，一般占总功的 90% 左右，称为主要功，其余 5 种功统称为次要功。

设 K_2、K_3、K_4、K_5 分别为 E_2、E_3、E_4、E_5 与 E_1 的比例系数，则定义 φ 为次要功计算系数，即

$$\sum E_i = (1 + K_2 + K_3 + K_4 + K_5)E_1 = \varphi E_1 = \frac{\varphi m v^2}{2} \tag{2-20}$$

根据热力学知识，进行必要的推导和修正，并引入火药力 $f = RT$ 的概念，得到以下简单形式的能量平衡方程，即

$$\omega\psi RT = f\omega\psi - \frac{\theta}{2}\varphi mv^2 \tag{2-21}$$

式中：θ——绝热指数，$\theta = \gamma - 1$；

γ——火药气体比热比。

6. 内弹道学基本方程

上述能量平衡方程表明了射击过程中 ψ、v 及 T 之间的函数关系，但火炮水弹试验中炮身身管强度计算和水弹质量的配比等方面，都以膛内压力为依据，因此掌握压力变化规律比掌握温度变化规律更为重要。另一方面，从试验角度，测定火药气体压力比测定温度要方便准确。工程上十分有必要把能量平衡方程从以温度表示转变为以压力表示，即

$$Sp(l + l_\psi) = f\omega\psi - \frac{\theta}{2}\varphi mv^2 \tag{2-22}$$

经过以上 5 个步骤的阐述和推导，得到了内弹道学中最经典的数学模型，即零维模型，其基本方程组如下：

在上述假设基础上，应用内弹道学理论可建立火炮水弹试验内弹道学计算模型，其基本方程组为

$$\begin{cases} \psi = \begin{cases} \chi Z(1 + \lambda Z + \mu Z^2), & Z < 1 \\ 1, & Z \geqslant 1, \end{cases} \\ \dfrac{\mathrm{d}Z}{\mathrm{d}t} = \begin{cases} \dfrac{u_1}{\delta_1}p^n, & Z < 1 \\ 0, & Z \geqslant 1 \end{cases} \\ Sp = \varphi m \dfrac{\mathrm{d}v}{\mathrm{d}t} \\ v = \dfrac{\mathrm{d}l}{\mathrm{d}t} \\ Sp(l + l_\psi) = f\omega\psi - \dfrac{\theta}{2}\varphi mv^2 \\ l_\psi = l_0\left[1 - \dfrac{\Delta}{\delta} - \left(\alpha - \dfrac{1}{\delta}\right)\Delta\psi\right] \end{cases} \tag{2-23}$$

其中

$$\Delta = \frac{\omega}{V_0}, l_0 = \frac{V_0}{S}, \theta = \gamma - 1$$

式中：m——水弹随程质量，由于水密度较实弹小得多，故膛内水柱较长，如某炮水柱初始长为身管长的1/2还多。

当水弹前端面到达炮口端面后，部分水流出膛外，水弹质量不断减小。

水弹质量由水和木塞两部分质量构成。水弹随程质量 m 为

$$m = \begin{cases} m_l + m_w, & l \leqslant l_g - l_l \\ m_l + m_w - \rho S(l + l_l - l_g), & l_g - l_l < l \leqslant l_g \end{cases} \tag{2-24}$$

式中：m、m_l、m_w——分别为水弹总质量(kg)、装水质量(kg)与木塞质量(kg)；

l——水弹行程(m)；

ρ——水的密度(kg/m^3)；

l_g——弹丸膛口行程(m)；

l_l——水弹中水的初始长度(m)。

火炮装药采用单一装药，其内弹道计算模型如式(2-23)。但也有火炮装药采用两种或两种以上的不同类型的火药所组成的装药，即混合装药。混合装药同单一装药比较，基本方程组与单一装药相似，但由于混合装药的各种火药的药形、弧厚、成分不同，在相同压力变化条件下，各种火药的分裂时间、燃烧结束时间都不同，从而使混合装药比单一装药有更多的阶段性。

混合装药的内弹道方程组概括为

$$\begin{cases} \Psi = \sum_{i=1}^{n} \beta_i \psi_i = \begin{cases} \sum_{i=1}^{n} \beta_i [\chi_i Z_i (1 + \lambda_i Z_i + \mu_i Z_i^2)], & Z_i < 1 \\ 1, & Z_i \geqslant 1 \end{cases} \\ \frac{\mathrm{d}Z_i}{\mathrm{d}t} = \begin{cases} \frac{u_{1i}}{\delta_{1i}} p^n, & Z_i < 1 \\ 0, & Z_i \geqslant 1 \end{cases} \\ Sp = \varphi m \frac{\mathrm{d}v}{\mathrm{d}t} \\ v = \frac{\mathrm{d}l}{\mathrm{d}t} \\ Sp(l + l_\psi) = \sum_{i=1}^{n} f_i \omega_i \psi_i - \frac{\theta}{2} \varphi m v^2 \end{cases}, i = 1, 2, \cdots, n \tag{2-25}$$

式中的各项参数的含义及计算方法与单一装药条件下相同,因此这里不再赘述。

内弹道方程组中共有 p、v、l、t、ψ 和 Z 等 6 个变量,实际上是 5 个方程解 6 个变量,如取其中一个为自变量,其余 5 个变量作为自变量的函数,可以从上述方程中解出,所以该方程组是封闭的。

该方程组的初始条件:$t=0$ 时,有

$$\begin{cases} x_0=0, v_0=0, V_0=0, p_0=p_0 \\ \psi_0=\dfrac{\dfrac{1}{\Delta}-\dfrac{1}{\gamma}}{\dfrac{f}{p_0}+\alpha-\dfrac{1}{\gamma}} \\ Z_0=\dfrac{\sigma_0-1}{2\lambda}=\dfrac{2\psi_0}{\chi(1+\sigma_0)} \end{cases} \tag{2-26}$$

具体编程计算时,应以混合装药内弹道计算模型为对象,单一装药可视为混合装药的特例。

2.3　木塞启动压力与次要功系数

火炮水弹试验时,木塞除了起密闭气体与液体的作用外,还要承受膛内的高压气体,以及提供一定的弹丸的启动压力。

2.3.1　木塞启动压力台架试验

假设木塞瞬间挤进炮膛导向部及膛线。实际上,木塞在膛压作用下不断挤进膛线。为了改善木塞的密闭性能并提供一定的启动压力,木塞径向(横纹向)变形量较大(相对尺寸的 2% ~5%),先做弹性变形,继而做塑性变形。木塞挤进过程很复杂,加上难以得到木塞的机械力学性能参数,故木塞的启动压力参考其静力试验。

如图 2-1 所示,设计加工类似某火炮坡膛段装置,为减小加工难度,不加工膛线,即滑膛。利用火炮修理工厂提供的某火炮水弹试验专用木塞,并已做过水浸处理。在静力压力试验机上,将水弹专用木塞(图 2-2)装填到位后压入,模拟木塞挤进过程。受试验条件限制,以 50mm/min、80mm/min 与 100mm/min 的速度等速压入,同时记录压入过程中所用的挤进力 F 与位移 L。

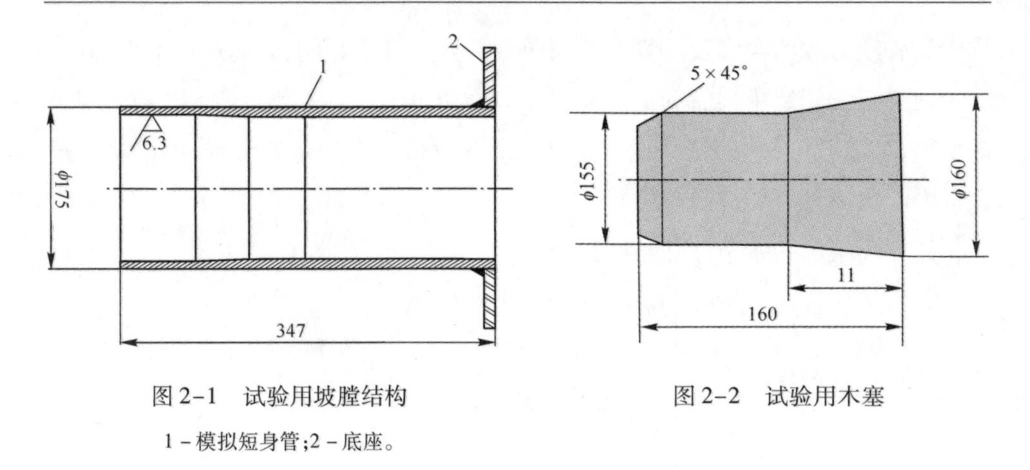

图 2-1　试验用坡膛结构

1－模拟短身管;2－底座。

图 2-2　试验用木塞

挤进力 F 与位移 L 变化曲线如图 2-3 所示。早期,木塞变形量较大,挤进力很快上升至最大值,随着部分木塞进入滑膛部,挤进力逐渐减小。试验发现,随着挤进速度的增大,木塞挤进力迅速增大,表明动态载荷与静力对挤进过程是有很大区别的。因此,木塞启动压力还需修正。

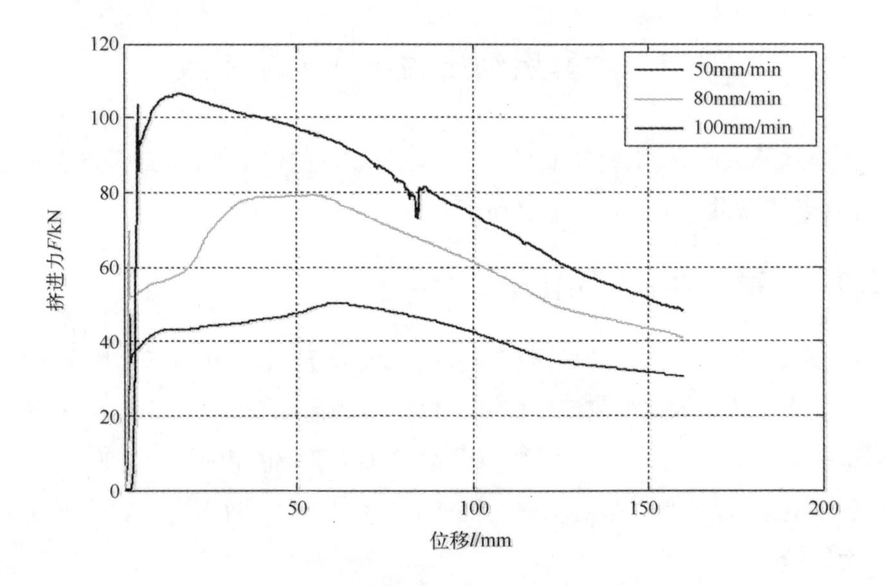

图 2-3　木塞挤进力与挤进位移变化曲线

根据最大挤进力,可算出木塞的启动压力分别对应为 5.15MPa、7.84MPa 与 10.34MPa。

2.3.2　木塞启动压力符合计算

火炮水弹试验，在不改变火炮结构情况下，水弹内弹道参数测试较难。铜柱测压法能够测量火炮水弹发射时的最大膛底压力，再由此换算成膛内最大压力，在传统火炮内弹道测试中获得大量应用。

某自行火炮实弹与水弹试验，铜柱测压法测试结果如表 2-1 所列。由于木塞材质与水的特性，水弹最大膛压略小于实弹射击时的最大膛压。

表 2-1　铜柱测压法最大压力

试 验 项 目	实 弹 射 击	水 弹 试 验
铜柱测试值	235.0MPa	208.9MPa
铜柱换算值	258.1MPa	229.4MPa

2.3.3　次要功系数

水弹试验过程中所存在的能量形式主要包括以下几方面：

(1) 水弹（木塞与水）的动能 $E_1 = mv^2/2$。

(2) 水弹（木塞与水）旋转运动具有的能量 E_2。

(3) 弹丸（木塞与水）克服摩擦阻力所消耗的能量 E_3。

(4) 火药及火药气体的运动能量 E_4。

(5) 火炮后坐部分的后坐能量 E_5。

(6) 水弹（木塞）挤进膛线所消耗的能量 E_6。

(7) 火药气体向外传递的能量 E_7。

由于水弹在膛内运动过程相当复杂，计算这 7 项能量相当困难，为方便计算，定义 φ 为次要功计算系数，即

$$\sum_{i=1}^{7} E_i = \frac{\varphi m v^2}{2} \tag{2-27}$$

水弹发射过程中，由于木塞材质与水的特性，水弹（木塞与水）旋转运动具有的能量 E_2、弹丸（木塞与水）克服摩擦阻力所消耗的能量 E_3、水弹（木塞）挤进膛线所消耗的能量 E_6 这 3 项能量之和，较实弹射击相应的能量要小，因此水弹试验时的次要功系数可取得较小。

实弹射击次要功系数 φ，$\varphi=\varphi_1+\dfrac{1}{3}\dfrac{\omega}{q}$，$\varphi_1$ 为仅考虑弹丸旋转动能 E_2 和摩擦消耗能量 E_3 两种次要功的计算系数。

2.4 内弹道分析计算方法

2.4.1 内弹道计算方法

当采用指数形式的速燃公式时，微分方程是非线性的。这一类微分方程绝大部分不能给出解析解，而内弹道的实际应用中往往也只需要满足一定精度的近似解。数值解法是寻求这种近似解的一种重要手段，龙格－库塔法就是其中的一种，内弹道模型以及后续火炮后坐与复进运动模型广泛采用该计算方法。

对于一阶微分方程组

$$\begin{cases}\dfrac{\mathrm{d}y_i}{\mathrm{d}x}=f_i(x,y_1,y_2,\cdots,y_n),i=1,2,\cdots,n\\ y_i(x_0)=y_{i0}\end{cases}\tag{2-28}$$

四阶龙格－库塔公式为

$$\begin{cases}y_{ik+1}=y_{ik}+\dfrac{h}{6}(K_{i1}+2K_{i2}+2K_{i3}+K_{i2})\\ K_{i1}=f_i\left(x_k,y_{1k},\cdots,y_{nk}+\dfrac{hK_{n1}}{2}\right)\\ K_{i2}=f_i\left(x_k+\dfrac{h}{2},y_{1k}+\dfrac{hK_{11}}{2},\cdots,y_{nk}+\dfrac{hK_{n1}}{2}\right)\\ K_{i3}=f_i\left(x_k+\dfrac{h}{2},y_{1k}+\dfrac{hK_{12}}{2},\cdots,y_{nk}+\dfrac{hK_{n2}}{2}\right)\\ K_{i4}=f_i(x_k+h,y_{1k}+hK_{13},\cdots,y_{nk}+hK_{n3})\end{cases}\tag{2-29}$$

龙格－库塔在计算 y_{ik+1} 值时，只用到 y_{ik} 而不直接依赖于 y_{ik-1}、y_{ik-2} 等，也就是在初值 y_{i0} 确定以后，就可以依次计算 y_{i1}，y_{i2}，…直至整个过程结束，不存在计算起步的问题。另外，这种方法没有规定后一步步长与前一步步长必须满足某种关系，可以任意改变计算步长。这两个优点尤适于内弹道循环中有多个特殊点计算的要求。

混合装药具体计算过程如图 2-4 所示。

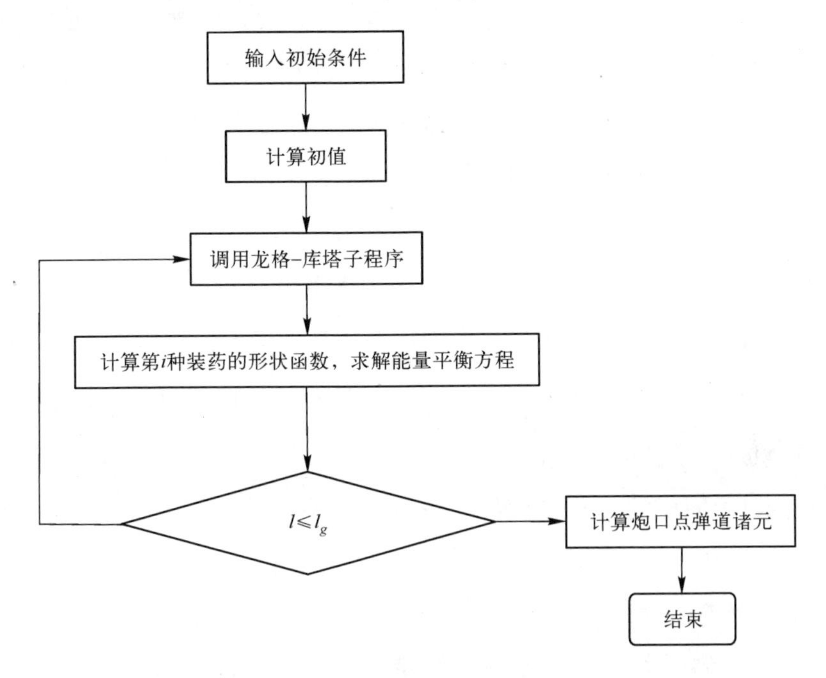

图 2-4　火炮内弹道计算主程序框图

2.4.2　内弹道特殊点的计算方法

内弹道曲线中的最大膛压点、火药燃烧分裂点、燃烧结束点、炮口点等为内弹道的特殊点。其中燃烧分裂点和燃烧结束点的计算精度会影响此后曲线上的其他点的值,而最大膛压点和炮口点参数是主要结果参数,要求尽可能地与理论值相接近。

1. 最大压力点值的计算

最大压力值的计算可分为两步。第一步是寻求包括最大压力点的单峰区间。在递推进行的弹道曲线计算过程中,逐点比较前、后两点的压力大小,一旦压力变化从上升变为下降,取满足 $p_i > p_{i-1}, p_i > p_{i+1}$ 的 i 点为中心,两倍步长的区域即 $[t_{i-1}, t_{i+1}]$ 为最大压力点的搜索区间。

第二步将最大压力位置精确化。搜索的方法也很多,如黄金分割法,其基本思想是通过合理地选择计算点,使用较少的函数计算工作量来缩小含有极值区间的长度,直到极值点的存在范围达到允许误差之内。

在区间的收缩方法上，使用了单峰区间消去原理，由两个函数值比较消去无极值区间。在比较点的位置上，此方法把第一个点选在离起点 0.382 区间长的位置，第二点选在它的对称位置即 0.618 区间长位置。这种设置方法，在每次舍去无极值区间后，保留点始终在新区间的 0.618 或 0.382 长度处，这样，仅需在其对称位置上再做一次计算即可继续进行比较。

在得到最大压力区间的起点$[t_{i-1}, t_{i+1}]$后，计算步骤如下：

（1）在长度为$2h$的区间中取 0.382、0.618 处的比较点t_1、t_2，计算p_1、p_2值。

（2）比较两点压力值，若$p_1 > p_2$，则最大压力在$[t_{i-1}, t_2]$内，将t_1冲入t_2，p_1冲入p_2，补充 0.318 新区间长处为t_1，计算对应的p_1值后继续比较；反之，若$p_1 < p_2$，则最大压力在$[t_1, t_{i+1}]$内，将t_2冲入t_1，p_2冲入p_1，补充 0.618 新区间长处为t_2点，计算对应的p_2值后继续比较。

（3）精度判别，决定重复上述步骤还是结束计算。

2. 其他特殊点的计算

从理论上讲燃烧分裂点、燃烧结束点、炮口点的计算，可由边界条件$y_a(t) = y_a$解出相应的时间t_a，然后调整步长，由特殊点前的弹道诸元算出特殊点的诸元，这种方法涉及到一个非线性方程的求解问题，运算工作较大。也可采用另一种算法，即直接采用特殊点的特征量作为内弹道方程的自变量，从简单的算术运算求得特殊点的计算步长，从而求得各量值。

以炮口点计算为例，将行程作为自变量，内弹道方程组中的微分方程可变为

$$\begin{cases}\dfrac{dz}{dl} = \dfrac{u_1}{\delta_1}\dfrac{p^n}{v} \\ \dfrac{dv}{dl} = \dfrac{Sp}{\varphi m v} \\ \dfrac{dt}{dl} = \dfrac{1}{v}\end{cases} \tag{2-30}$$

计算步骤如下：

（1）求炮口点区间。当$l_{i+1} > l_g$时，取i点诸元为炮口点计算的初值。

（2）炮口点计算。取步长$\Delta l = l_g - l_i$，使用式(2-30)，运用龙格－库塔法直接求出炮口点的诸元。

2.5　内弹道符合计算

火药参数的选择与其燃烧环境条件密切相关。水弹发射过程中，发射药采用全装药，与实弹射击相同，因而，可认为火药燃烧的环境与实弹射击一致，内弹道理论计算中，火药参数可取实弹射击时的火药参数。

内弹道的计算过程中，由于火药参数均给出一定区间范围，不同的内弹道参数，得到不同的计算结果$\overline{v_0}$、$\overline{p_m}$。工程中，内弹道计算结果$\overline{v_0}$、$\overline{p_m}$应与内弹道测试结果 v_0、p_m 相吻合。即根据实弹发射中弹丸初速与最大膛压测试结果，对内弹道参数进行符合计算，优化内弹道参数，使符合计算结果与内弹道测试结果相一致。经过分析计算发现，燃速指数 n 及散热系数 θ 对内弹道计算结果十分敏感，为了在仿真计算中得到理想的结果，需对两参数进行符合计算，以达到与试验结果相一致。

2.5.1　逐步逼近法

1. 基本原理

由上述内弹道计算模型可知，无论改变哪一内弹道参数，都会使计算结果发生明显变化，内弹道计算结果 p、v、l 与内弹道参数之间确立了明确的函数关系，是隐含的非线性函数关系。在参数取值范围内，内弹道计算结果 p、v、l 对这些参数连续可导，即存在着连续可导的函数关系。为此，撇开内弹道方程组的具体内容，仅把它们考虑成在这些参数取值范围内的连续函数，即

$$y_j = f_j(x_1, x_2, \cdots, x_m), \quad j = 1, 2, \cdots, k \tag{2-31}$$

式中：y_j——计算结果 p_m、v_0、l_m、l_g 等；

x_i——可调整的内弹道参数 f、θ、u_1、n；

k——计算结果个数；

m——要调整的参数个数。

该函数的全微分表达式为

$$\mathrm{d}y_j = \sum_{i=1}^{m} \frac{\partial f_j}{\partial x_i} \mathrm{d}x_i, \quad j = 1, 2, \cdots, k \tag{2-32}$$

在内弹道参数取值范围内，可取一初值（如中值），通过计算可得该组参数

下的计算结果，与试验测试值的差值也就得到。

由于内弹道参数改变量较小，这一差值就可近似作为其全微分值，因此，只要计算出偏微分$\frac{\partial f_j}{\partial x_i}$值，就能得到各参数的改变量的方程组，解该方程组就可得到各参数的改变量，也就可进行多参数的快速调整。

2. 计算步骤

设内弹道原始参数为 x_{i0}，由此计算结果为 y_{j0}，试验得结果为 y_{js}。由上基本原理可得，内弹道多参数快速符合计算主要由以下 5 步完成：

（1）计算偏微分值$\frac{\partial f_j}{\partial x_i}$。由于函数$f_j$ 对 x_i 在一定范围内连续可导，因此可用 f_j 的差分代替其偏微分，即

$$\frac{\partial f_j}{\partial x_i} \approx a_{ji} = \frac{f_j(x_1, x_2, \cdots, x_i + \Delta x_i, \cdots, x_m) - f_j(x_1, x_2, \cdots, x_m)}{\Delta x_i},$$

$$i = 1, 2, \cdots, m; \ j = 1, 2, \cdots, k \tag{2-33}$$

$$a_{ji} = \frac{y_j(\Delta x_i) - y_{j0}}{\Delta x_i}, \quad j = 1, 2, \cdots, k; \quad i = 1, 2, \cdots, m \tag{2-34}$$

式中：$y_j(\Delta x_i)$——所有参数中仅 x_i 改变 Δx_i 后得到的计算结果。

（2）计算全微分 dy_j。由于实际参数与初始参数值之间差值较小，可近似看作改变量；同样，反映到函数上就是函数的改变量，同样可近似看作试验结果与计算结果的差值，即

$$dy_j \approx \Delta y_j = y_{js} - y_{j0}, \quad j = 1, 2, \cdots, k \tag{2-35}$$

（3）求改变量。将式(2-32)、式(2-34)代入式(2-35)得参数改变量为变量的方程组为

$$\Delta y_j = \sum_{i=1}^{m} a_{ji} dx_i, \quad j = 1, 2, \cdots, k \tag{2-36}$$

解该方程组就可得到内弹道各参数的改变量。为保证上述方程组有封闭解，调整参数 m 应与试验测试数据数 k 一致。

（4）计算结果评估。记改变后的参数为

$$x'_i = x_{i0} + dx_i, \quad i = 1, 2, \cdots, m \tag{2-37}$$

用改变后的参数重新代入计算，得到参数改变后的计算结果 y'_j，用下式对此计算结果进行评价，即

$$\left|\frac{y'_j - y_{js}}{y_{js}}\right| \leqslant \varepsilon \tag{2-38}$$

式中：ε——所要求的符合精度，一般可取 $\varepsilon \leqslant 0.1\%$。

（5）对结果评估的处理。如上式满足，则符合计算完成，内弹道各参数的最优值可求得；否则，进行如下代换，即

$$x_{i0} = x'_i, \quad i = 1, 2, \cdots, m \tag{2-39}$$

$$y_{j0} = y'_j, \quad j = 1, 2, \cdots, k \tag{2-40}$$

重新进行步骤（1）~步骤（4），直到满足式（2-38）为止。

2.5.2　基于遗传算法的内弹道参数优化方法

遗传算法（GA）是一种模拟自然界生物进化过程的随机化搜索算法，由美国 J. Holland 教授首先提出，其主要特点是采取群体搜索策略和在群体中个体之间进行信息交换，利用简单的编码技术和繁殖机制来表现复杂的现象。遗传算法作为一种自适应启发式的全局意义上的搜索算法，具有很强的鲁棒性和通用优化能力，目前已经在优化问题、自动控制、图像处理等领域得到了广泛应用。

1. 基本遗传算法

遗传算法在整个进化过程中的遗传操作是随机性的，但它所呈现出的特性并不是完全随机搜索，它能有效地利用历史信息来推测下一代期望性能有所提高的寻优点集。这样一代代地不断进化，最后收敛到一个最适应环境的个体上，求得问题的最优解。遗传算法所涉及的 5 个要素是：参数编码、初始群体的设定、适应度函数的设计、遗传操作的设计和控制参数的设定。基本遗传算法（SGA）的基本流程结构如图 2-5 所示。

从图 2-5 可以看出，遗传算法的运行过程是一个典型的迭代过程，其工作内容和基本步骤如下：

（1）选择编码策略，把参数集合 X 的解域转换为位串结构空间 S。

（2）定义适应度值函数 $f(X)$。

（3）确定遗传策略，包括选择种群大小 n，选择、交叉、变异方法，以及确定交叉概率 P_c、变异概率 P_m 等遗传参数。

（4）随机初始化生成群体 P。

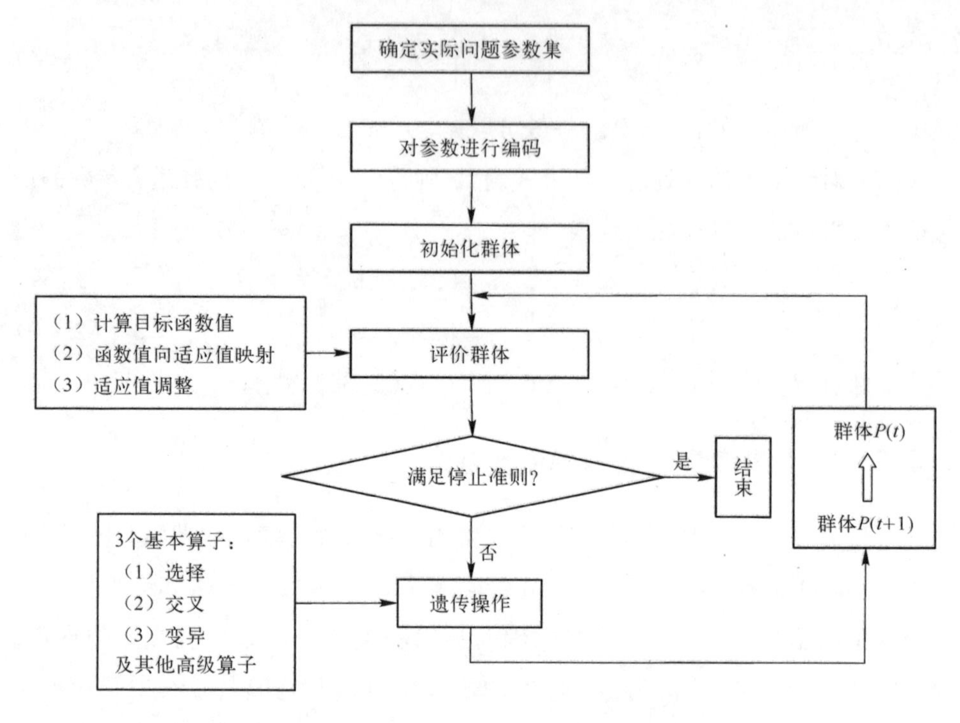

图 2-5　基本遗传算法(SGA)计算流程图

(5) 计算群体中个体位串解码后的适应度值 $f(X_i)$。

(6) 按照遗传策略,运用选择、交叉和变异算子作用于群体,形成下一代群体。

(7) 判断群体性能是否满足预定指标,或者已完成预定迭代次数,若不满足则返回步骤(6),或者修改遗传策略再返回步骤(6)。

遗传算法与传统算法有许多不同之处,主要体现在其使用的算子是随机的,如选择、交叉和变异等算子不受确定性规则的控制,但这种搜索也不是盲目的,而是向全局最优解方向前进。遗传算法中不同的遗传算子起不同的作用。交叉算子主要实现了算法的全局搜索能力,所以若交叉概率取值过小,新个体产生的速度变慢;交叉概率过大,又会破坏群体中的优良模式。变异算子主要起维持种群多样性的作用,但变异概率过大,算法搜索过程就变成了随机过程,也使破坏群体中较好模式的可能性增大;而变异概率过小,则其产生新个体和抑制早熟现象的能力就会较差。因此,具有自适应变化能力的交叉和变异操作非常重要。下面就主要介绍具有自适应能力的交叉和变异算子。

2. 改进遗传算法

在基本遗传算法中，交叉概率常随机选取一个较大的值，而变异概率选取一个较小的值：通常，交叉概率 P_c 选为 0.4 ~0.99，变异概率 P_m 选为 0.0001 ~0.1。这带有很大的盲目性，为了克服这个缺陷，本文对交叉和变异算子进行了改进，其基本思想是：用自适应变化的交叉概率和变异概率代替固定的交叉概率和变异概率，使交叉概率和变异概率随种群进化而相应变化，改进后的算法能兼顾全局搜索性能和收敛速度，并在搜索过程后期达到较高的收敛稳定性。

（1）自适应交叉算子。交叉操作是遗传算法中最主要的遗传操作。通过交叉操作可以得到新一代个体，新个体组合了父辈个体的特性，实现了算法的全局搜索。从种群的个体来看，交叉概率取值要与个体适应度值相关；从种群整体进化过程来看，交叉概率应该能随进化过程逐渐变小，到最后趋于某一稳定值，以避免对算法后期的稳定性造成冲击而导致算法不能收敛，或收敛过慢；从产生新个体的角度来看，种群的所有个体在交叉操作中应该具有同等地位，即相同的概率，从而使 GA 在搜索空间具有各个方向的均匀性。

符合上述各方面要求的交叉算子实现起来较为困难，因此，本文采用一种仅与进化代数相关而与个体适应度无关的交叉概率计算方法，即

$$\begin{cases} P_{c,tmp} = P_{c,\max} \cdot 2^{-g/G_{\max}} \\ P_c(g) = \begin{cases} P_{c,tmp}, & P_{c,tmp} > P_{c,\min} \\ P_{c,\min}, & \text{其他} \end{cases} \end{cases} \tag{2-41}$$

式中：$P_{c,tmp}$——一个中间变量；

$P_{c,\max}$——预设的最大交叉概率；

$P_{c,\min}$——预设的最小交叉概率；

$G_{\max}$——最大进化代数；

g——当前进化代数（$0 \leqslant g \leqslant G_{\max}$）；

$P_c(g)$——当前（第 g 代）种群的交叉概率。

（2）自适应变异算子。遗传算法中，交叉算子因其全局搜索能力而作为主要算子，变异算子因其局部搜索能力而作为辅助算子。所谓变异算子，就是在群体中所有个体的码串范围内随机地确定基因，以事先设定的变异概率 P_m 来对这些基因值进行变异。变异算子的作用有两个：一是使遗传算法具有局部的随

机搜索能力；二是使遗传算法保持群体多样性，防止出现未成熟收敛现象。较为理想的变异概率应该是随个体的优劣而变化的，即对劣质个体，其变异概率应加大；对优秀个体应给予较小的变异概率。

因此，采用如下与个体适应度相关的自适应变异概率，即

$$
\begin{cases}
P_{m,tmp} = \begin{cases} P_{m,\max} \cdot \left| \dfrac{F_{\max} - F(x_i)}{F_{\max}} \right|, & F_{\max} > 0 \\ P_{m,\max} \cdot \left| \dfrac{F_{\max} - F(x_i)}{F_{\text{mean}}} \right|, & F_{\max} \leqslant 0 \end{cases} \\
P_m(g) = \begin{cases} P_{m,tmp}, & P_{m,tmp} > P_{m,\min} \\ P_{m,\min}, & \text{其他} \end{cases}
\end{cases}
\tag{2-42}
$$

式中：$P_{m,tmp}$——一个中间变量；

$P_{m,\max}$——预设的最大变异概率；

$P_{m,\min}$——预设的最小变异概率；

$F_{\max}$——第 g 代种群中个体最优适应度值；

F_{mean}——第 g 代种群中个体平均适应度值；

$F(x_i)$——待变异个体的适应度值；

$P_m(g)$——当前种群个体 x_i 的变异概率。

3. 其他条件的应用

在遗传算法中，通过对个体进行交叉、变异等操作而不断产生出新的个体，虽然随着群体的进化过程会产生出越来越多的优良个体，但由于各种操作的随机性，它们也有可能破坏掉当前群体中适应度最好的个体。为了避免这种不利的影响，本文采用最优保存策略进化模型来进行优胜劣汰操作，即当前群体中适应度最高的个体不参与交叉运算和变异运算，而是用它替换掉本代群体中经过交叉、变异等操作后所产生的适应度最低的个体。

收敛条件综合考虑最大进化代数和误差要求。如果运算结果满足误差要求，则终止运算；否则，运算达到最大进化代数时终止运算。

某火炮水弹试验时，采用改进后的遗传算法进行仿真计算，参数设置为 $P_{c,\max}=0.99$，$P_{c,\min}=0.4$，$P_{m,\max}=0.1$，$P_{m,\min}=0.001$，$G_{\max}=2000$；相对误差精度要求为 10^{-5}。对上述模型，利用 MATLAB 编程，具体计算结果与测试结果如表 2-2 所列。

表 2-2　某火炮水弹试验内弹道仿真计算结果

内弹道结果	膛压 p_m/MPa	初速 v_g/(m/s)
测试值	259.7	713
仿真值	259.2	712.7

表 2-2 的计算结果表明，内弹道仿真计算结果与其测试结果基本吻合，具有较高的准确性，可用于模拟该火炮的膛内压力变化和弹丸速度变化规律，为下一步水弹内弹道与火炮后坐复进运动仿真奠定了基础。对应的内弹道参数结果如表 2-3 所列。

表 2-3　新型火炮的内弹道参数计算结果

内弹道参数	某新型自行火炮
燃速指数 n	0.7632
绝热指数 θ	0.3735

逐步逼近法与牛顿切线逼近法近似，可以认为是牛顿切线法的推广应用，其算法简单，运算速度较快，但缺点是参数值需事先设定取值范围，如果范围过大，就难以得到正确的计算结果。改进遗传算法是在基本遗传算法的基础上对交叉算子和变异算子进行改进，采用自适应变化的交叉概率和变异概率，并结合最优保存策略进化模型和适当的收敛条件，该方法算法合理，收敛速度快，目标精度高，具有一定优势。

2.6　火炮修后水弹试验内弹道结果分析

根据某火炮身管结构诸元、装填诸元、火药参数，基于以上火炮水弹内弹道模型，应用 MATLAB 软件对该炮实弹射击和水弹试验内弹道进行仿真计算，水弹试验与实弹射击时的内弹道参数随时间变化曲线如图 2-6 ~ 图 2-11 所示。

由图 2-6 可知，该炮实弹与水弹试验的装药都采用全装药，故其膛压曲线形状相近；但由于水弹膛内运动阻力较小，故其最大膛压低于实弹最大膛压，且膛压曲线过最大膛压点后下降缓慢；由于炮口段，水量随行程而减小，故炮口压力较实弹炮口压力要大。

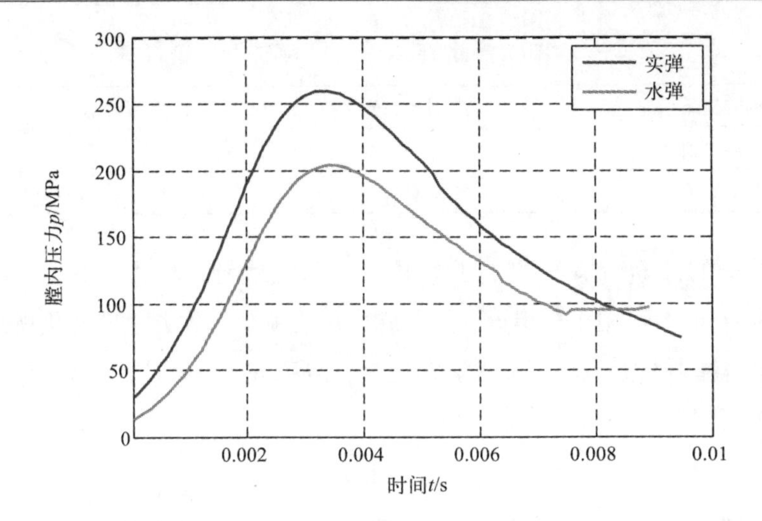

图 2-6　实弹射击与水弹试验时膛内压力曲线

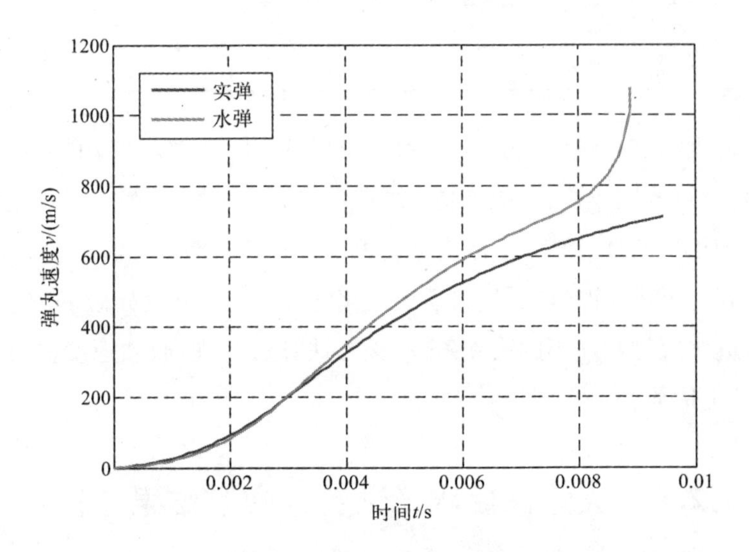

图 2-7　实弹射击与水弹试验时弹丸速度曲线

由图 2-7 可知,同样由于水弹膛内运动阻力小,加上水弹随程变质量效应,故水弹速度加速较快,膛口速度明显较实弹要大。

由图 2-8 可知,实弹、水弹弹丸行程曲线形状相似,起始段吻合较好;中后期由于水弹质量小,尤其是炮口段水弹质量不断减小,因而水弹速度增加很快。

由图 2-9 可知,某自行榴弹炮为混合装药,实弹射击时,膛内压力较高,两种火药在膛内完全燃烧;水弹试验时,膛内压力较实弹低,火药燃烧速度相对较慢,弹丸膛内运动时期,两种火药基本燃烧完毕。

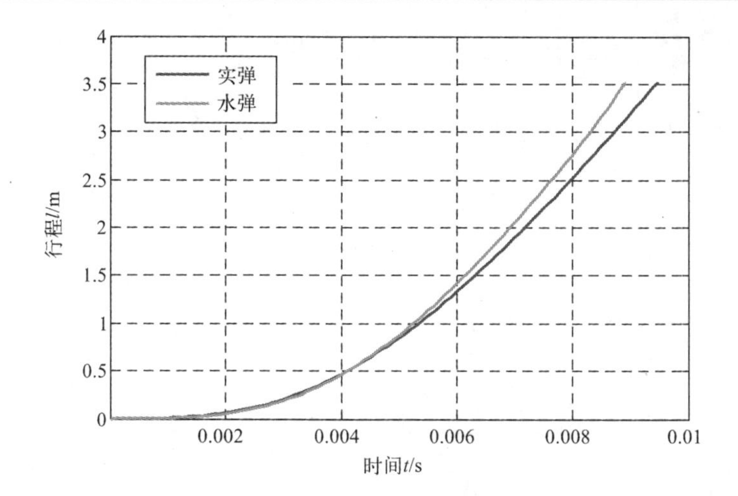

图2-8　实弹射击与水弹试验时弹丸行程曲线

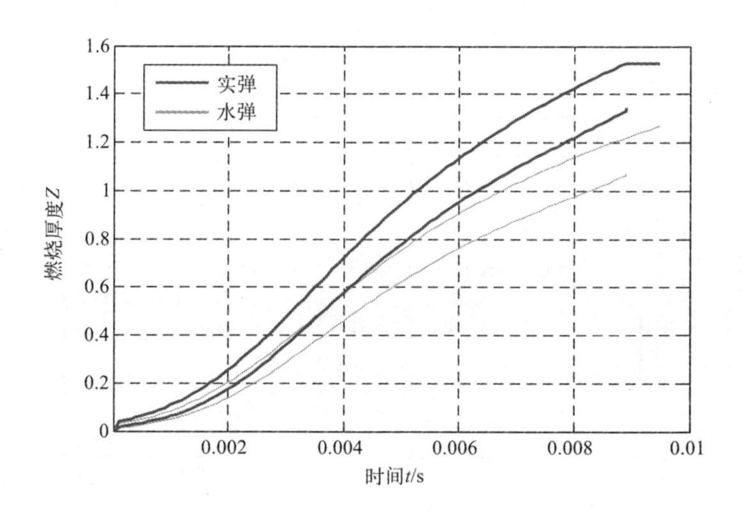

图2-9　实弹射击与水弹试验时相对燃烧厚度曲线

由图2-10可知,某自行榴弹炮为混合装药,实弹射击时,膛内压力较高,火药在膛内完全燃烧;水弹试验时,膛内压力较实弹低,火药燃烧相对较慢,弹丸膛内运动时期,火药基本燃烧完毕。

该炮水弹试验装水质量随弹丸行程变化曲线如图2-11所示。在木塞前端面到达炮口端面前,装水质量不变;当木塞前端面运动到达炮口端面后,因部分水柱流出膛口而掉地,装水质量逐渐减小,与弹丸行程基本上成线性变化关系,这就是火炮水弹试验装水质量随程变化规律。

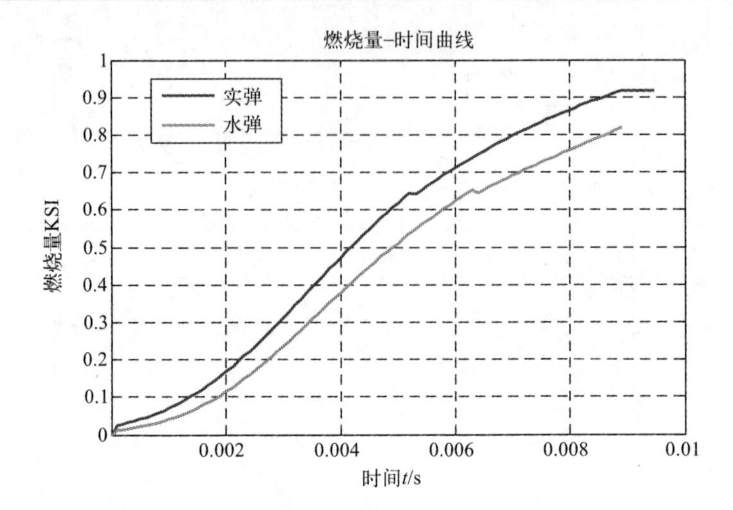

图 2-10　实弹射击与水弹试验时相对燃烧量曲线

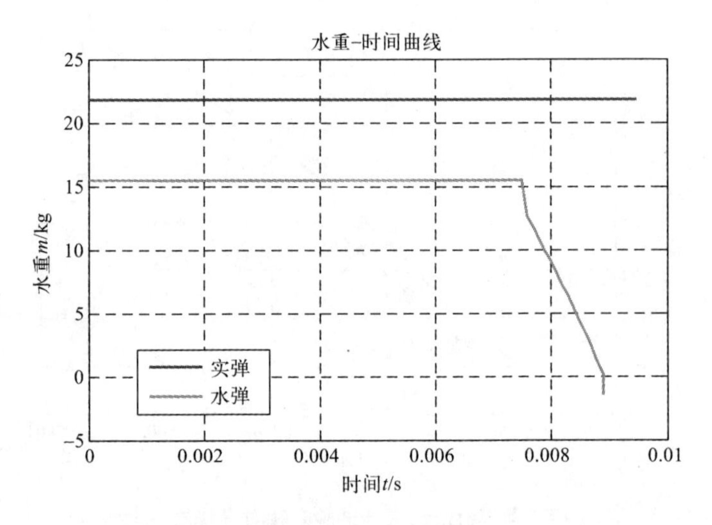

图 2-11　水弹试验装水质量随弹丸行程变化曲线

2.7　火炮水弹试验影响因素分析

影响火炮水弹试验内弹道性能的主要因素有装水质量、次效功系数和木塞挤进压力。火炮膛压对火炮射后的后坐、复进运动影响极大，本章主要考察装水质量和木塞挤进压力这两个水弹试验影响因素对膛压的变化规律。

2.7.1　装水质量

装水质量分别为 25L、35L 与 45L 时的膛内压力曲线如图 2-12 所示。由图可见，随着装水质量的增加，最大膛压明显增加，且最大膛压所对应时间滞后，炮口压力相应减小，膛内运动时间增长。

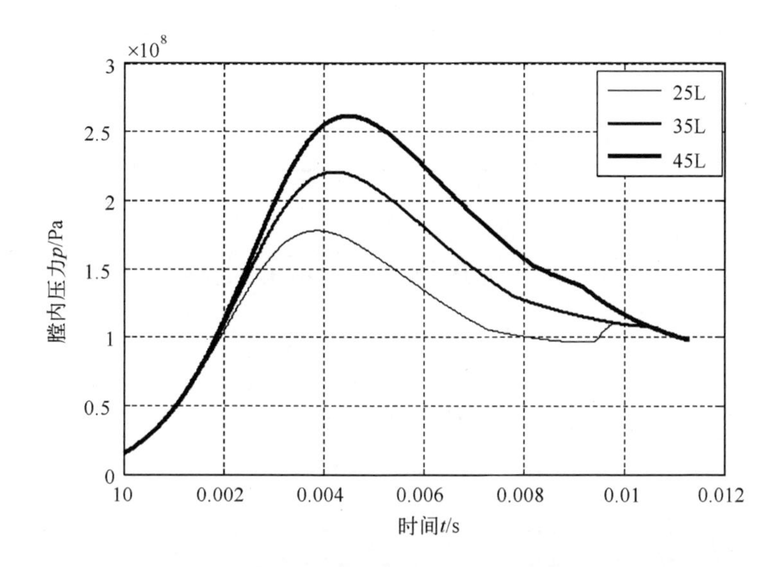

图 2-12　火炮膛压随装水质量变化曲线

当装水质量为 25L 时，水弹运动到炮口段，由于水弹总质量不断减小，运动速度增加，火药在膛口段继续燃烧，致使膛口出现压力反升现象。选择装水质量时，应确保火药在膛内燃烧完全，避免上述火药在膛内不完全燃烧现象出现。装水质量分别为 35L 与 45L 时，膛内压力曲线较理想，但随着装水质量增加，膛内压力升高。

2.7.2　木塞挤进压力

木塞除了用于密闭水外，更重要的是控制其启动压力。不同的启动压力，其内弹道结果是不同的。某炮射角为 10°，全装药，装水质量 35L，启动压力在[5,25]MPa区间变化，木塞挤进压力对膛压的变化曲线，如图 2-13 所示。由图可知，当水弹启动压力增大时，水弹起始运动滞后，火药燃烧量相对增多，故火炮最大膛压随着启动压力的增大而变大。

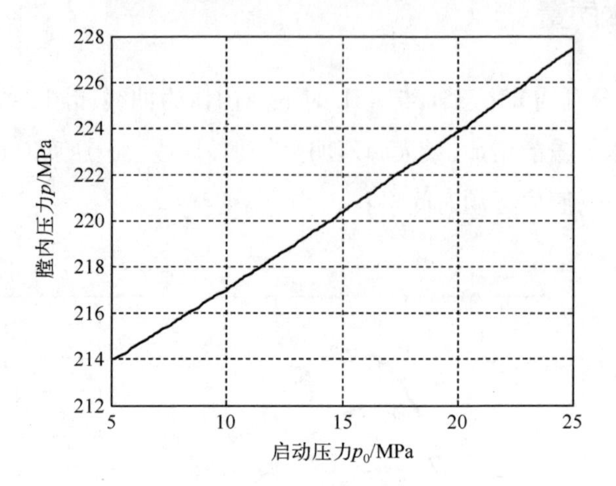

图 2-13　火炮最大膛压随起动压力变化曲线

第 3 章　火炮修后水弹试验装水质量确定方法

火炮水弹试验装水质量是水弹试验参数的重点参数，是火炮修理机构最关心的主要参数，也是本书研究的重点之一。火炮传统水弹试验装水质量的确定，受当时水弹试验理论匮乏和技术力量限制，主要从火炮水弹试验工程实践角度出发，经装水质量配重后反复试验，从实践中获得装水质量，该方法盲目性大、安全性差、通用性差。能否从理论上探讨火炮水弹试验时装水质量的确定方法，为科学制定水弹试验方案提供理论支撑，是急需研究和解决的技术问题。现代火炮设计理论为寻求火炮水弹试验装水质量的理论方法奠定了基础，本章首先分析火炮实弹射击与水弹试验的特点，重点分析反后坐装置的结构原理以及耗能原理，从冲量及冲量原理出发，提出了基于水弹试验、实弹射击时的炮膛合力冲量相等原则的水弹试验装水质量确定方法，该方法理论说服力强，通用性好。

3.1　冲量与冲量原理

火炮水弹试验时，在巨大的炮膛合力和后坐阻力作用下，做后坐与复进运动。以火炮后坐部分为研究对象，并对其在发射时进行受力分析，可得到以下运动方程，即

$$m_h \frac{\mathrm{d}v}{\mathrm{d}t} = F_{pt} - F_R \tag{3-1}$$

式中：m_h——后坐部分质量(kg)；

F_{pt}——炮膛合力(N)；

F_R——后坐阻力(N)。

由式(3-1)可知，主动力 F_{pt} 是使后坐部分产生后坐运动的主要原因；后坐阻力 F_R 则是阻滞后坐运动，使后坐部分停下来的原因。这一对力控制着后坐运动的规律。其中，炮膛合力 F_{pt} 由内弹道设计决定；后坐阻力 F_R 则是通过后坐装置的设计而决定。对于火炮修后水弹试验来说，火炮(包括反后坐装置)结构和装药(全装药)确定的前提下，通过控制水弹质量的方法控制炮膛合力 F_{pt} 的变化规律，从而达到与实弹相似的后坐复进运动规律。

发射后，火炮后坐部分由静止状态转换为运动状态。对式(3-1)积分，当 $t=0$ 时，$v_0=0$，有

$$m_h v = \int_0^{t_k} F_{pt}\mathrm{d}t - \int_0^{t_\lambda} F_R \mathrm{d}t \tag{3-2}$$

式(3-2)表达了制退后坐过程中动量与冲量之间的关系,即后坐部分由静止状态开始后坐,所获得的动量等于在这段时间内炮膛合力 F_{pt} 与后坐阻力 F_R 的冲量之差。

当火炮后坐终止,$t=t_\lambda$ 时,后坐速度 $v_\lambda=0$,故

$$\int_0^{t_k} F_{pt}\mathrm{d}t - \int_0^{t_\lambda} F_R\mathrm{d}t = 0 \tag{3-3}$$

式中:t_k——炮膛合力作用时间(s);

t_λ——后坐阻力作用时间(s)。

由此可得

$$\int_0^{t_k} F_{pt}\mathrm{d}t = \int_0^{t_\lambda} F_R\mathrm{d}t$$

由此可见,火炮后坐过程中,炮膛合力对后坐部分作用的全冲量等于后坐阻力对后坐部分作用的全冲量。火炮通过反后坐装置将作用时间极短、数值巨大的炮膛合力转换为作用时间较长、数值较小的后坐阻力。

定义:在后坐过程中,炮膛合力与后坐时间乘积之和为炮膛合力冲量,即

$$H = \int_0^{t_k} F_{pt}\mathrm{d}t \tag{3-4}$$

从内弹道学角度看,火炮水弹试验的最终目的是模拟实弹射击的内弹道环境,使火炮作与实弹射击相似的后坐与复进运动,从而全面检验火炮修后质量。只要水弹试验时,作用于火炮后坐部分的炮膛合力冲量与实弹射击时的冲量相符,则两者火炮后坐复进运动规律相似。

3.2　炮膛合力

炮膛合力是火炮后坐与复进运动的主动力。由内弹道学可知,火药气体作用时间是短暂的,大约几毫秒到十几毫秒,但它对炮身的作用是复杂的。火药气体作用时期分为 3 个时期:

(1) 启动时期。由木塞开始嵌入膛线起,至木塞完全嵌入膛线止,这一时期火炮后坐运动速度很小,后坐位移也很小。为方便研究火炮后坐运动,认为木塞嵌入膛线是瞬时完成的,即可以忽略这一时期的木塞和后坐部分的运动。

(2) 弹丸沿膛内运动时期。由木塞完全嵌入膛线起,至弹丸飞离炮口止。

这一时期弹丸在膛内加速向前运动,同时后坐部分加速向后运动。这一时期的时间大约为几毫秒到十几毫秒,后坐部分向后移动的行程约为 0.5d(d 为口径)。

(3) 火药气体后效期。由弹丸飞离炮口,至火药气体排空止。当弹丸飞离炮口瞬间,膛线对弹丸的阻力消失,在火药气体的作用下弹丸继续加速,约在弹丸出炮口后的 1/5 ~ 1/4 处的后效期内,火炮后坐部分达到最大后坐速度,以后阻力起主要作用,后坐部分减速。

3.2.1 弹丸沿膛内运动时期的炮膛合力

这一时期内,膛内充满火药气体,在炮膛底部和药室锥面上均有火药气体压力作用,使炮身受有轴向力。弹丸运动时对膛线导转侧施加正压力和摩擦力,其沿炮膛轴向分力之和称为弹丸作用在膛线上的力。由此可知,弹丸沿膛内运动时期炮膛合力(F_{pt})主要包括以下 3 项:F_t、F_{ZM}、F_{dZ},它们之间关系如图 3-1 所示,可表示为

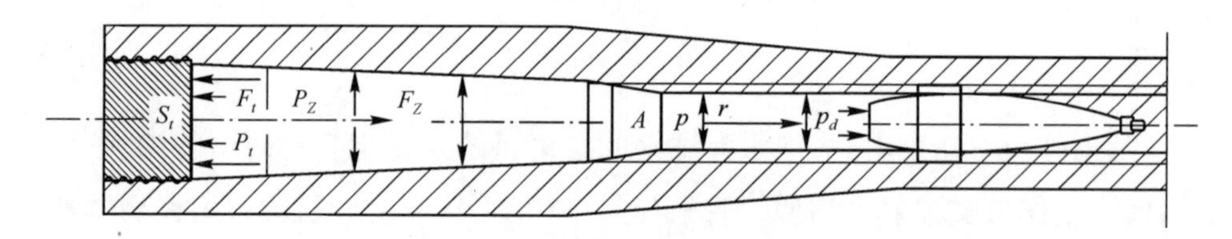

图 3-1 膛内时期的炮膛合力

$$F_{pt} = F_t - F_{ZM} - F_{dZ} \tag{3-5}$$

(1) 火药气体作用在膛底的力 F_t。由内弹道学可知,在一定假设条件下,火药气体的膛底压力 p_t 和膛内平均压力 p 有如下关系,即

$$p_t \approx \frac{1}{\varphi}\left(\varphi_1 + \frac{\omega}{2m}\right)p \tag{3-6}$$

式中:ω——装药质量(kg);

m——弹丸质量(kg);

φ_1——仅考虑弹丸旋转和摩擦两种次要功计算系数;

φ——次要功计算系数。

如果用 A_t 表示膛底断面积,则作用在膛底的力为

$$F_t = p_t A_t \approx \frac{1}{\varphi}\left(\varphi_1 + \frac{\omega}{2m}\right) p A_t \tag{3-7}$$

（2）作用在药室锥面上的轴向分力 F_{ZM}。由内弹道学可知，膛内压力分布是不均匀的，沿药室长度上火药气体压力分布也是不均匀的。为了计算方便，取 p_t 作为整个药室锥面上所受火药气体压力的平均值，A 为线膛部分的截面积，可得

$$F_{ZM} = (A_t - A) p_t \tag{3-8}$$

式中：F_{ZM}——作用在药室锥面上的轴向分力（N）；

p_t——火药气体的膛底压力（Pa）；

A_t——药室底端面面积（m^2）；

A——炮膛截面积（m^2）。

（3）弹丸对膛线作用的轴向分力 F_{dZ}。F_{dZ}是弹丸运动时弹带沿膛线方向给炮身的作用力，因此，F_{dZ}与膛线在炮膛轴线方向上给弹带的力大小相等方向相反。列出弹丸运动方程

$$m\frac{\mathrm{d}v}{\mathrm{d}t} = A p_d - F_{dZ} \tag{3-9}$$

式中：p_d——火药气体的弹底压力（Pa）。

如果以弹丸相当质量的形式考虑膛线阻力 F_{dZ}的作用，弹丸运动方程还可写成

$$\varphi_1 m \frac{\mathrm{d}v}{\mathrm{d}t} = A p_d \tag{3-10}$$

将式（3-9）代入式（3-10），得到膛线阻力 F_{dZ}与 p_d 的关系为

$$F_{dZ} = \frac{1}{\varphi_1}(\varphi_1 - 1) A p_d \tag{3-11}$$

因为 $\varphi m \frac{\mathrm{d}v}{\mathrm{d}t} = Ap$，可得 $p_d = \frac{\varphi_1}{\varphi} p$，也就得到

$$F_{dZ} = \frac{1}{\varphi}(\varphi_1 - 1) A p \tag{3-12}$$

将 F_t、F_{ZM}、F_{dZ}代入式 $F_{pt} = F_t - F_{ZM} - F_{dZ}$中，最后得到

$$F_{pt} = \frac{1}{\varphi}\left(1 + \frac{\omega}{2m}\right) A p \tag{3-13}$$

3.2.2 火药气体后效期的炮膛合力

弹丸一出炮口,火药气体从炮膛迅速排出,膛内气体压力迅速下降。炮膛合力也由弹丸出炮口瞬时的 F_g 迅速下降至零,其下降趋势近似于指数规律。后效期的炮膛合力可用下式表示,即

$$F_{pt} = \chi F_g e^{-t/b} \tag{3-14}$$

式中:t——以后效期开始为起点计算的时间(s);

b——反映炮膛合力衰减快慢的时间常数(s),$b = \dfrac{(\beta - 0.5)\omega v_0}{S(p_g - p_k)}$;

β——火药气体作用系数,$\beta = \dfrac{k+1}{k}\left(\dfrac{2}{k+1}\right)^{3/2} c_g$,$k = 1.33$;

c_g——炮口声速,$c_g = \sqrt{kp_g(W_0 + Sl_g)/\omega}$;

F_g——弹丸膛内运动时期终了时的炮膛合力(N);

χ——炮口制退器的冲量特征量,$\chi = \dfrac{\beta_T - 0.5}{\beta - 0.5}$。

为了避免水弹试验时,木塞出膛口时冲击炮口制退器,因而水弹试验时不装炮口制退器,取 $\chi = 1$。β_T 为有炮口制退器时的后效作用系数,$\beta_T = \dfrac{(q + \beta\omega)\sqrt{1 - \eta_T} - q}{\omega}$。$\eta_T$ 为炮口制退器的效率,通常由理论计算或试验求得,并以试验测试值为准。

后效期延续时间为

$$\tau = b \ln p_g / p_k$$

综合可得,火炮水弹试验时的炮膛合力公式为

$$F_{pt} = \begin{cases} \dfrac{1}{\varphi}\left(1 + \dfrac{1}{2}\dfrac{\omega}{m}\right)AP, & 0 < t \leqslant t_g \\ F_g e^{t - t_p/h}, & t_g < t \leqslant t_g + \tau \\ 0, & t > t_g + \tau \end{cases} \tag{3-15}$$

$$F_g = \frac{1}{\varphi}\left(\varphi_1 + \frac{1}{2}\frac{\omega}{m}\right)AP_g \tag{3-16}$$

3.2.3 计算结果与分析

仍以该榴弹炮为例,该炮实弹与水弹试验(装水质量为 13 升)时的膛压、炮

膛合力随时间变化仿真计算曲线如图 3-2 和图 3-3 所示。

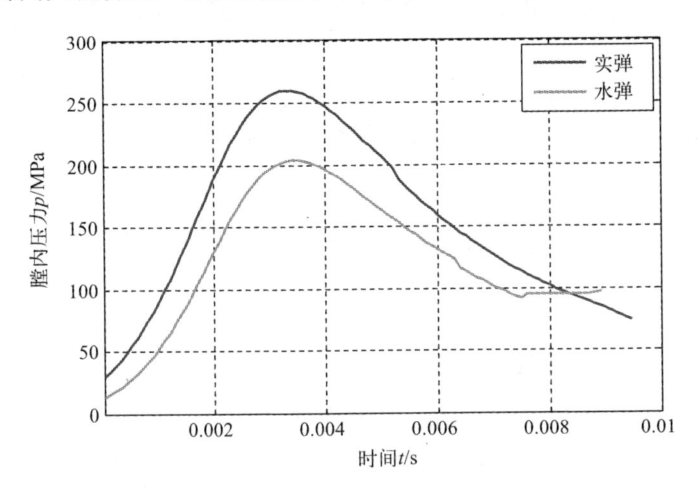

图 3-2　实弹射击与水弹试验时的膛内压力曲线

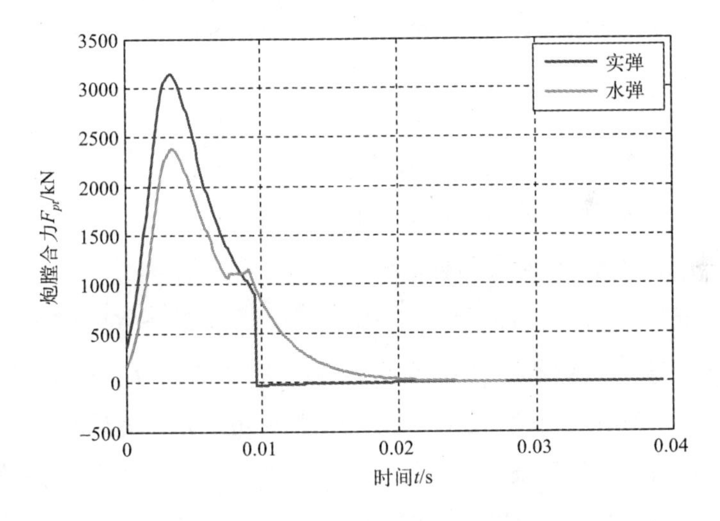

图 3-3　实弹射击与水弹试验时的炮膛合力曲线

由图 3-2 可知，该炮水弹与实弹射击两种射击方式都使用全装药，其膛压曲线形状相近。但由于水弹试验中，木塞启动压力较低，运动过程中阻力较小，因而，其最大膛压小于实弹最大膛压；由于装药能量相当且水弹质量随程变小，膛压曲线过最大膛压点后下降缓慢，炮口压力较实弹炮口压力要大。

由图 3-3 可知，实弹射击时，由于炮口制退器的耗能作用，后效期内炮膛合力出现负值，即后效期出现向前的力来抵消向后的炮膛合力；水弹试验时的炮膛合力均为正值。两种射击方式下，正是其炮膛合力冲量相等、火炮反后坐装置的作用规律相当,因而火炮后坐、复进运动规律相当。这也就是“水弹试验法”的本质所在。

3.3 炮膛合力冲量

由炮膛合力冲量定义可知,火炮实弹射击时的炮膛合力冲量为

$$H_0 = \int_0^{t_{g0}} F_{pt0}\,\mathrm{d}t + \int_{t_{g0}}^{t_{g0}+\tau_0} \chi F_{pt0}\,\mathrm{d}t \tag{3-17}$$

式中:F_{pt0}——实弹射击时的炮膛合力(N);

t_{g0}——实弹射击时弹丸膛内运动时间(s);

τ_0——实弹射击时火药气体后效期作用时间(s);

χ——火炮炮口制退器冲量特征参量,不带炮口制退器火炮$\chi = 1$。

同样,由炮膛合力冲量定义可知,水弹试验时的炮膛合力冲量为

$$H_1 = \int_0^{t_{g1}} F_{pt1}\,\mathrm{d}t + \int_{t_{g1}}^{t_{g1}+\tau_1} F_{pt1}\,\mathrm{d}t \tag{3-18}$$

式中:F_{pt1}——水弹试验时的炮膛合力(N);

t_{g1}——水弹试验时水弹膛内运动时间(s);

τ_1——水弹试验时火药气体后效期作用时间(s)。

实弹射击时的炮膛合力冲量一定,H_0 为定值;同一装备水弹试验时,不同的装水质量,其内弹道参数不同,作用于火炮的炮膛合力冲量 $H_1(m)$ 也不同。

同一火炮装备,反后坐装置相同,无论实弹射击还是水弹试验,其产生的炮膛合力冲量均由同一反后坐装置消耗,因此,只要水弹与实弹射击两者的炮膛合力冲量相等,即两种射击方式的后坐与复进运动规律相似。

因此,水弹试验的装水质量可由下式得到,即

$$\min\Delta H(m_w) = \min(H_1(m_w) - H_0) \tag{3-19}$$

$$\text{s.t. } m_w \in (m_{w1}, m_{w2}), m_{w1}, m_{w2} > 0$$

仍以某122自行榴弹炮为例,图3-4为水弹试验过程中,炮膛合力冲量随水弹质量变化曲线。总体上,随着水弹装水质量的增加,膛内最大压力增高,炮膛合力冲量增大,且基本呈线性变化关系。当水弹装水质量为12L时,水弹、实弹炮膛合力冲量相等;此时,实弹射击炮膛压力冲量 $H_0 = 15873\text{N}\cdot\text{s}$,水弹试验炮

膛压力冲量 $H_1 = 15802\text{N} \cdot \text{s}$,两者基本相等。

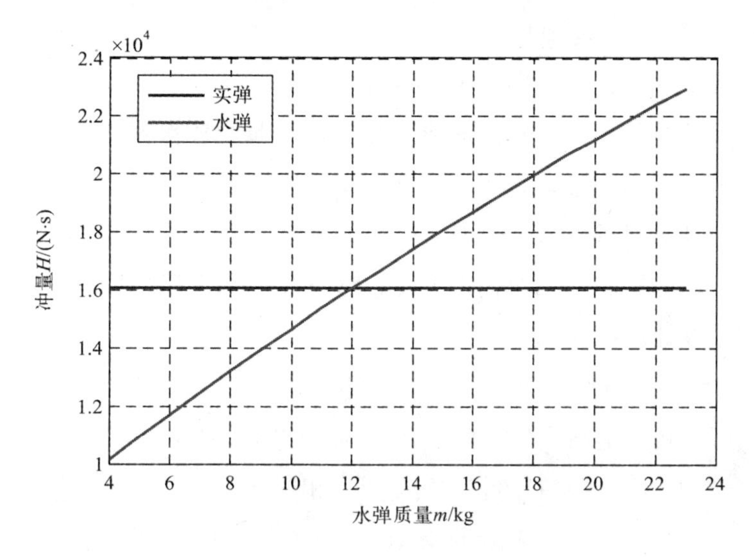

图 3-4　炮膛合力冲量随水弹质量变化曲线

基于水弹、实弹炮膛合力冲量相等原则,该炮水弹试验的装水质量应约为 12L,这与试验值(12L)基本符合。

3.4 结　　论

由以上分析,可归纳总结出火炮修后水弹试验装水质量的确定原则如下:

原则 1:当火炮水弹试验时的炮膛合力冲量 H_1 与实弹射击时的炮膛合力冲量 H_0 相等时,火炮水弹试验后坐与复进运动规律与火炮实弹射击时的后坐与复进运动规律基本相当,此时的装水质量即为最佳装水质量,即

$$m_w = m_w(H_0, H_1)$$

使

$$\min \Delta H(m_w) = \min(H_1(m_w) - H_0) \tag{3-20}$$

$$\text{s. t.}\ \ m_w \in (m_{w1}, m_{w2}), m_{w1}, m_{w2} > 0$$

其中

$$H_0 = \int_0^{t_{g0}} F_{pt0} \mathrm{d}t + \int_{t_g}^{t_{g0}+\tau_0} \chi F_{pt} \mathrm{d}t$$

$$H_1 = \int_0^{t_{g1}} F_{pt1} \mathrm{d}t + \int_{t_g}^{t_{g1}+\tau_1} F_{pt1} \mathrm{d}t$$

式中：F_{pt}——炮膛合力(N)；

t_g——弹丸膛内运动时间(s)；

τ——火药气体后效期作用时间(s)；

χ——火炮炮口制退器冲量特征参量，不带炮口制退器火炮$\chi=1$；

下标0——实弹射击参量；

下标1——水弹试验参量。

推论1：火炮水弹试验，膛内压力及炮膛合力冲量随着装水质量的增加而增大，且基本呈线性规律。

推论2：对于弹道性能相同、运行方式不同的火炮，如同一口径的牵引火炮、车载炮、轮式自行火炮与履带式自行火炮，由于它们实弹射击时的炮膛合力冲量相同，因此，它们水弹试验时的装水质量可以相同。

在役火炮中，某122mm榴弹炮有牵引榴弹炮、车载榴弹炮、轮式自行榴弹炮和履带式自行榴弹炮4种不同运行方式火炮，它们水弹试验方案相同；同样，某152牵引加榴炮与自行加榴炮两种不同运行方式火炮，其水弹试验装水质量也相同。

第4章　火炮修后水弹试验动力学分析

火炮水弹发射后，火炮在巨大的炮膛合力和后坐阻力作用下，做后坐与复进运动。火炮水弹试验后坐与复进运动规律是考核水弹试验方案成功与否的最重要指标，也是火炮水弹试验评估与故障诊断的最重要依据之一。水弹试验要求火炮后坐距离在规定的正常后坐距离范围内，并平稳复进到位。后坐距离是表征火炮后坐过长与后坐过短两个故障的特征参量；火炮复进到位速度（或火炮复进时间）是表征火炮复进过猛和复进不足两个故障的主要特征参量。本章应用火炮射击动力学理论建立火炮水弹试验时火炮后坐复进位移与速度等水弹试验评估参数的通用计算模型，从而计算得到水弹与实弹射击的后坐位移和后坐速度，一方面验证火炮实弹射击、水弹试验时的后坐复进运动规律，另一方面也可为水弹试验评估与故障诊断提供理论依据。

4.1 后坐运动分析

如图 4-1 所示，取火炮后坐部分为受力分析对象。火炮发射时，火炮主动力有作用在炮膛轴线上、方向向后的炮膛合力 F_{pt}，作用在火炮质心上、方向向下的后坐部分重力 $m_h g$，约束力即后坐阻力，包括制退机液压阻力 $F_{\varphi h}$、复进机力 F_f、反后坐装置的摩擦力 F，以及摇架导轨的法向反力 F_{N1}、F_{N2} 和相应的摩擦力 F_{T1}、F_{T2}。摇架导轨上的总摩擦力为 $F_T = F_{T1} + F_{T2}$。

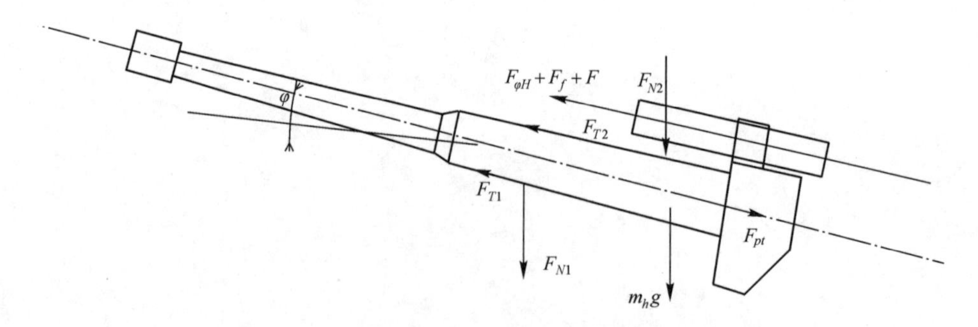

图 4-1　后坐时后坐部分受力分析

为建模方便，需要对火炮的受力和运动状态作如下假设：

（1）火炮和地面为绝对刚体。

（2）火炮置于水平地面上，方向为 0°，忽略弹丸回转力矩的影响，并认为所有的力作用在射面（即过炮膛轴线而垂直于地面的平面）内。

（3）射击时全炮处于平衡状态。

将后坐部分看成是一个质心，并加入后坐部分的惯性力 $m_h \frac{d^2x}{dt^2}$，根据质点的达朗贝尔原理，作用于后坐部分上的主动力、约束力和惯性力组成一平衡力系，故沿炮膛轴线方向的平衡方程为

$$m_h \frac{d^2x}{dt^2} = F_{pt} - F_{\varphi h} - F_f - F - F_T + m_h g\sin\varphi \tag{4-1}$$

式中：x——后坐行程(m)；

φ——火炮射角(°)。

式(4-1)就是火炮后坐运动微分方程，其中后坐阻力为

$$F_R = F_{\varphi h} + F_f + F + F_T - m_h g\sin\varphi \tag{4-2}$$

经过上述分析，得到火炮后坐运动数学模型为

$$\begin{cases} m_h \dfrac{dv}{dt} = F_{pt} - F_R \\ \dfrac{dx}{dt} = v \\ F_R = F_{\varphi h} + F_f + F + F_T - m_h g\sin\varphi \end{cases} \tag{4-3}$$

式中：v——后坐速度(m/s)。

解方程组便可得火炮后坐位移、速度等参量。

4.2　后坐阻力计算

由式(4-3)可知，后坐阻力主要包括制退机液压阻力 $F_{\varphi h}$、复进机力 F_f 和常力三部分。

4.2.1　制退机液压阻力

制退机是火炮消耗后坐动能、确保火炮后坐复进过程平稳的非常重要的关重部件。它以液体为工作介质，通过挤压其内部的液体高速流过流液孔，为火炮后坐运动提供足够阻力。现役火炮制退机大多采用带复进节制器的节制杆式制退机，如图 4-2 所示。制退机的制退杆和制退筒分别与炮尾和摇架连接。

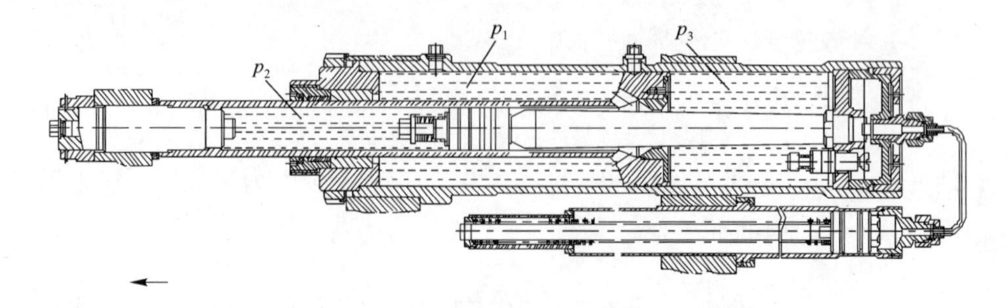

图 4-2 节制杆式制退机结构图

制退机结构原理如图 4-3 所示,射击后,后坐部分以后坐速度 v 沿摇架导轨向后运动,制退杆活塞挤压工作腔内液体,分为两股液流:一股在活塞压力 p_1 的作用下,通过活塞节制环和变直径的节制杆之间环形间隙构成的流液孔 a_x 高速射入非工作腔,它是后坐时产生制退机阻力的主要液流,称为"主流", 这股高速射流最后射到制退筒底部,成为杂乱无章的漩涡,随着制退杆不断从制退筒内抽出,非工作腔产生真空,即 $p_2=0$;另一股液体在活塞压力 p_1 作用下,由制退杆内壁与节制杆之间的环状楔形通道,经调速筒上小孔,推开活瓣进入内腔,称为"支流"。

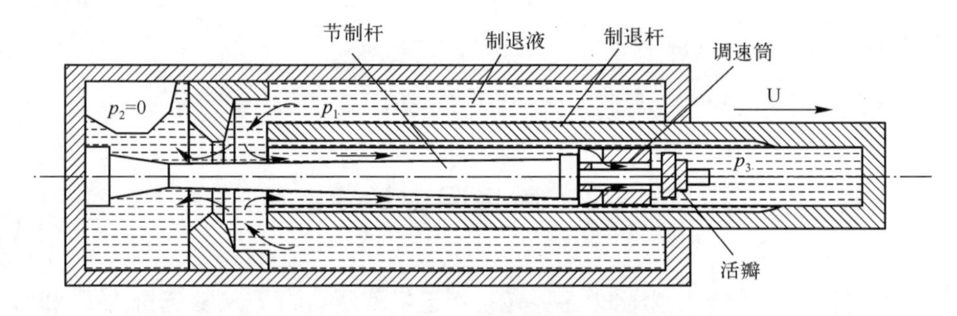

图 4-3 制退机的结构原理图(后坐时)

复进时,制退杆内腔为复进节制器,在复进全程提供制动力,要求内腔在后坐过程中始终充满液体,不产生真空,故 $p_3>0$。可以认为,"支流"是在 p_1-p_2 作用下的流动,"支流"最小截面积 a_1 出现的位置因具体结构不同而异。

射击过程中制退机内流体流动是十分复杂的,它属于可压缩黏性液体的三维非定常高 Re 数紊流流动问题。这给制退机设计和研究带来许多困难。因此,为了工程应用的方便,一般对制退机内部液体流动作如下假设:

(1) 制退液是不可压缩的。

（2）流动是一维定常流。

（3）制退液的流动是以地球为惯性参照系的。

（4）制退机内腔内的液体始终是充满的。

制退机内液压阻力主要包括主流与支流流动过程中产生的液压阻力，即

$$F_{\varphi h} = F_{\varphi h1} + F_{\varphi h2},\quad 0 < t \leqslant t_h \tag{4-4}$$

式中：$F_{\varphi h1}$——后坐时液体由工作腔流入活塞前方非工作腔时的液压阻力，即主流产生的液压阻力(N)；

$F_{\varphi h2}$——后坐时液体由工作腔经活塞斜孔流入制退杆后腔时的液压阻力，即支流产生的液压阻力(N)；

t_h——后坐时间(s)。

主流为

$$F_{\varphi h1} = \left[\frac{k_1\rho}{2}\frac{(A_0 - A_p)^3}{a_x^2}\right]v^2 \tag{4-5}$$

式中：k_1——主流液孔液压阻力系数，取 $k_1 = 1.5$；

ρ——制退液密度(kg/m^3)；

v——后坐速度(m/s)；

A_0、A_p——制退杆活塞工作面积与节制环面积(m^2)；

a_x——主流漏口折合面积(m^2)，$a_x = \frac{\pi}{4}(d_p^2 - d_x^2) + \sqrt{\frac{k_1}{k_1'}}a_0$，$d_p$、$d_x$ 分别为节制环与变截面节制杆的直径(m)，$k_1' = 3k_1$。

支流为

$$F_{\varphi h2} = \frac{k_2\rho}{2}\frac{A_{fj}^2}{\Omega_0^2}v^2 \tag{4-6}$$

式中：k_2——支流液孔液压阻力系数，取 $k_2 = 3$；

A_{fj}——制退杆内腔工作面积(m^2)；

Ω_0——支流最小漏液口面积(m^2)。

4.2.2　复进机力 F_f

目前，现役火炮广泛采用液体气压式复进机。液体气压式复进机以气体为储能介质，液体则起传力和密封气体的作用。后坐时，由于复进杆活塞的运动，

使复进机内液体的流动,从而气体被压缩,气体通过液体对活塞的作用力就是复进机力 F_f。气体的压力变化可用多变过程来描述,即

$$p_f W^k = p_{f0} W_0^k \tag{4-7}$$

式中:p_f、p_{f0}——复进机内气体的某瞬时压力和初压力(Pa);

W、W_0——复进机内气体某瞬时容积和初始容积(m^3);

k——气体绝热系数,一般 k 取值为1.3。

因此,复进机力可表达为

$$F_f = A_f p_{f0}\left(\frac{W_0}{W}\right)^k \tag{4-8}$$

式中:A_f——复进机活塞工作面积(m^2)。

复进机内气体容积 W 随复进杆活塞运动的距离(即火炮后坐位移)x 而变化,即

$$W = W_0 - A_f x \tag{4-9}$$

由此可得复进机力为

$$F_f = A_f p_0\left(\frac{W_0}{W_0 - A_f x}\right)^k \tag{4-10}$$

4.2.3 常力计算

制退机、复进机为了密封其内部气、液体,结构上设计有紧塞装置。在后坐复进过程中,制退机与复进机的紧塞装置会产生摩擦阻力;炮身与摇架导轨相对运动也会产生摩擦力;后坐部分的重力在炮膛轴线方向分力也会影响后坐与复进运动。由于这三部分作用力在后坐复进过程中,大小基本不变,通常称这三部分构成的总力为后坐和复进的常数阻力。

(1) 制退机紧塞装置摩擦力。反后坐装置的紧塞装置种类较多,其摩擦力计算方法各不尽相同,本章以某榴弹炮为例说明常力的计算。

制退采用O形密封圈作为紧塞件,一个O形圈产生的摩擦力为

$$F = f_c \pi d + f_g \frac{\pi}{4}(D^2 - d^2) p_1 \tag{4-11}$$

式中:f_c、f_g——O形圈、挡圈摩擦系数;

D——O形圈槽外径(m);

d——O 形圈直径(m);

p_1——制退机工作腔压力(Pa)。

制退机有两个 O 形密封圈,所以紧塞装置摩擦力应为单个 O 形密封圈的两倍,但是液体进入第二个 O 形圈时压力降至为原来的一半,则制退机的摩擦力为

$$F_{Z1}=2f_c\pi d+1.5f_g\frac{\pi}{4}(D^2-d^2)p_1 \tag{4-12}$$

(2) 复进机紧塞装置摩擦力。复进机前端紧塞装置有两个 O 形密封圈,后坐运动过程中产生的摩擦力为

$$F_{Z2}=2f_c\pi d+1.5f_g\frac{\pi}{4}(D^2-d^2)p_f \tag{4-13}$$

式中:D——O 形圈槽外径(m);

d——O 形圈直径(m);

p_1——复进机工作腔压力(Pa)。

复进杆活塞紧塞装置有 3 个 O 形密封圈,即

$$F_{Z3}=3f_c\pi d+2f_g\frac{\pi}{4}(D^2-d^2)p_f \tag{4-14}$$

所以,反后坐装置紧塞装置总摩擦力为

$$F_0=F_{Z1}+F_{Z2}+F_{Z3} \tag{4-15}$$

(3) 摇架导轨上的摩擦力。后坐时,摇架导轨规正火炮后坐方向,炮身与摇架导轨之间产生摩擦力,其大小为

$$F_T=fm_hg\cos\varphi \tag{4-16}$$

式中:f——摇架导轨与炮身之间的摩擦系数;

m_h——后坐部分质量(kg);

g——重力加速度(m/s^2);

φ——火炮射角(°)。

综上所述,后坐过程中常力为

$$F_r=F_0+F_T-m_hg\sin\varphi \tag{4-17}$$

4.3　复进运动分析计算

火炮后坐结束后,后坐部分在复进机力 F_f 的作用下,平稳、无冲击地将火炮

后坐部分复进到位。

4.3.1 复进运动计算模型

后坐过程中复进机所储存的能量既可以将火炮后坐部分平稳地作用回到原始部位,但同时又会赋予火炮一定的较大的复进速度。火炮复进到位时,如果后坐部分仍保持较高的复进速度,就会使后坐部分和摇架产生强烈的碰撞和冲击,从而破坏火炮复进的稳定性和静止性。因此,火炮复进剩余能量在转化为后坐部分的复进动能以后,在复进过程中还需用复进的液压阻力将其消耗掉,保证后坐部分复进到位时,复进速度接近于零。

取复进时的后坐部分为受力体,进行受力和运动分析,如图4-4所示。同样,为了建模方便,需作如下假设:

(1) 地面和火炮为绝对刚体。

(2) 火炮置于水平地面上,所有的作用力均作用在射面(即过炮膛轴线而垂直于地面的平面)内。

(3) 复进时全炮处于平衡状态。

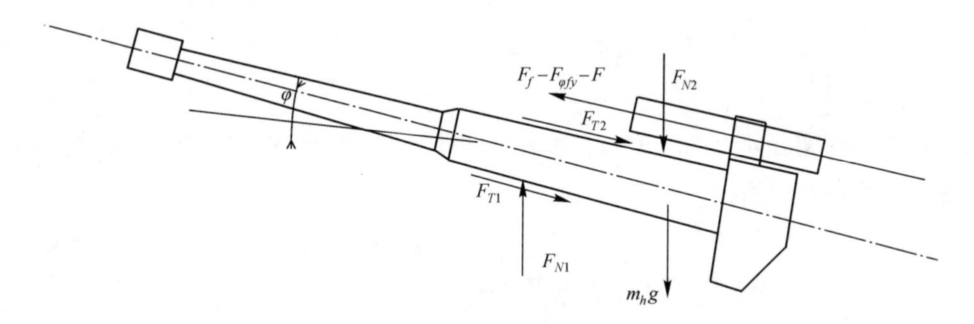

图4-4 复进时后坐部分受力分析

图4-4中:F_f 为复进机力(N);m_hg 为后坐部分重力(N);F_{N1}、F_{N2} 为摇架滑板的支反力(N);F_{T1}、F_{T2} 为摇架滑板作用于后坐部分的摩擦力(N);F 为反后坐装置紧塞装置摩擦力(N);$F_{\varphi fy}$ 为反后坐装置复进液压阻力(N);φ 为火炮射角(°)。

由受力分析图可得后坐部分沿炮膛轴线方向复进的运动微分方程

$$m_h\frac{\mathrm{d}^2\xi}{\mathrm{d}t^2}=F_f-F_{\varphi fy}-(F+F_T+m_hg\sin\varphi) \tag{4-18}$$

从而建立火炮复进运动模型

$$\begin{cases} m_h \dfrac{\mathrm{d}u}{\mathrm{d}t} = F_f - F_{\varphi fy} - (F + F_T + m_h g\sin\varphi) \\ \dfrac{\mathrm{d}\xi}{\mathrm{d}t} = u \\ F_{\varphi fy} = F_{\varphi of} + F_{\varphi ff} + F_{\varphi kf} \end{cases} \tag{4-19}$$

式中：$F_T = F_{T1} + F_{T2} = fm_h g\cos\varphi$；$F = \gamma m_h g$；

γ——摩擦系数；

ξ——复进行程(m)，以复进的炮口方向为正，且有 $\xi = \lambda - x$；

λ——复进总行程(m)；

u——复进速度(m/s)；

$F_{\varphi of}$——制退机提供的液压阻力(N)；

$F_{\varphi ff}$——复进节制器提供的液压阻力(N)；

$F_{\varphi kf}$——复进节制活瓣提供的液压阻力(N)。

复进运动可分为 3 个阶段：

(1) 真空消失前。制退机内后坐制动漏口产生的复进液压阻力为 0，这一阶段后坐部分加速复进。

设真空段距离为 ρ，其计算公式为

$$\rho = \frac{d_1^2 \lambda}{D_T^2 - \delta_{\max}^2} \tag{4-20}$$

式中：D_T——制退筒内径(m)；

d_1——制退杆内径(m)；

$\delta_{\max}$——节制杆最大直径(m)；

λ——最大后坐长度(m)。

(2) 真空消失后至自动开闩完毕即开闩阶段。这一阶段复进阻力包括制退机后坐制动器液压阻力和复进制动液压阻力，以及复进机内的阻力和摩擦力，这一阶段后坐部分平稳复进。

(3) 自动开闩后至复进到位。开闩时受到外力即开闩时撞击自动开闩板的撞击力开闩后减速后坐直到复进到位。

开闩阶段所受到的弹簧力按直线规律变化，按下式计算，即

$$P_i = 717 - 1.5x \tag{4-21}$$

式中：x——火炮后坐长（m）。

4.3.2 复进机力

复进时，复进机力为主动力，其大小为

$$F_f = A_f p_0 \left(\frac{W_0}{W_0 - A_f(\lambda - \xi)} \right)^2 \tag{4-22}$$

4.3.3 液压阻力

复进过程中，反后坐装置产生的液压阻力 $F_{\varphi fy}$ 视结构不同而有所区别。一般情况下，应包括制退机液压阻力 $F_{\varphi of}$、复进节制器液压阻力 $F_{\varphi ff}$、复进节制活瓣液压阻力 $F_{\varphi kf}$ 三部分。研究复进时的液压阻力的方法与后坐时完全相同，假设也完全相同。

（1）制退机后坐制动器液压阻力。复进时，制退机非工作腔内真空排除后，其液体经节制环与节制杆之间间隙产生的漏口 a_x 流回工作腔。因此，制退机非工作腔真空消失以前，制退机后坐制动器产生的液压阻力 $F_{\varphi of} = 0$；真空消失后，后坐制动器才产生相应的液压阻力，其计算公式为

$$F_{\varphi of} = \frac{K_{1f}}{2} \rho \left(\frac{A_{of} - a_c}{a_x + a_c} \right)^2 u^2 \tag{4-23}$$

式中：K_{1f}——流过节制杆与节制环间隙的液体阻力系数，$K_{1f} = 1.5$；

ρ——液体密度（kg/m^3）；

A_{of}——复进时驻退杆活塞工作面积（m^2），$A_{of} = \frac{\pi}{4}(D_T^2 - d_p^2)$；

D_T 及 d_p——活塞外直径和节制环内径（m）；

u——复进速度（m/s）；

a_x——节制环与节制杆的环形间隙（m）；

a_c——驻退杆纵向沟槽间隙（m）。

（2）复进节制器液压阻力。复进时，制退杆后腔液体经过复进节制器流回制退机工作腔内，即

$$F_{\varphi ff} = \frac{K_{2f}}{2} \rho \frac{A_{fj}^3}{a_f^2} U^2 \tag{4-24}$$

式中：A_{fj}——复进节制器活塞(调速筒)面积(m^2)，$A_{fj}=\frac{\pi}{4}d_1^2$，$d_1$ 为调速筒直径(m)；

a_f——复进节制器漏口面积(m^2)；

K_{2f}——阻力系数。

(3) 复进机活瓣装置产生的液压阻力。复进机内设计有活瓣装置，以在复进过程中提供一个复进制动的外加液压阻力，分担了复进节制器的负荷，在复进制动过程中起到十分重要的作用。后坐时，复进机内活塞的运动使液体推开活瓣，液体绕过活瓣经内筒上的通孔进入复进机外筒内腔，因此活瓣装置不提供液压阻力。复进时，复进机外筒内液体在气体压力作用下，使活瓣关闭，液体只能从活瓣上的轴向小孔 a_k 流过，从而产生液压阻力，即

$$F_{\varphi kf}=\frac{K_{3f}}{2}\rho\frac{A_f^3}{a_k^2}u^2 \tag{4-25}$$

式中：A_f——复进机活塞工作面积(m^2)；

a_k——复进机活瓣上的小孔面积(m^2)，当活瓣与复进杆之间有间隙时，还包括间隙面积；

K_{3f}——复进机活瓣装置液流的阻力系数。

4.3.4　常力计算

常力主要为 $F+F_T+m_h g\sin\varphi$，计算方法同后坐运动的常力计算方法。

4.4　实 例 分 析

火炮后坐复进运动的计算反面问题计算，即在要求的射击条件和已知反后坐装置结构尺寸和流液孔尺寸条件下，求解后坐速度和后坐位移曲线。火炮的后坐与复进共同构成了一个射击循环周期，在计算反面问题时，常纳入一个统一的数学模型解算。通常以后坐方向为运动的正方向，位移为 x，速度为 v。

火炮后坐、复进运动方程是关于位移为 x 的二阶常微分方程组。计算机编程计算时，通常将其化解为一阶常微分方程组，然后采用龙格 - 库塔(Runge - Kutta)方法求解。

以某榴弹炮为例，根据该炮反后坐装置的结构尺寸，基于本章建立的火炮后

坐与复进运动计算模型，应用 MATLAB 计算软件编程计算，火炮实弹与水弹试验时后坐与复进位移曲线、后坐与复进速度曲线、后坐阻力曲线、复进机力曲线、制退机液压阻力曲线分别如图 4-5～图 4-9 所示。

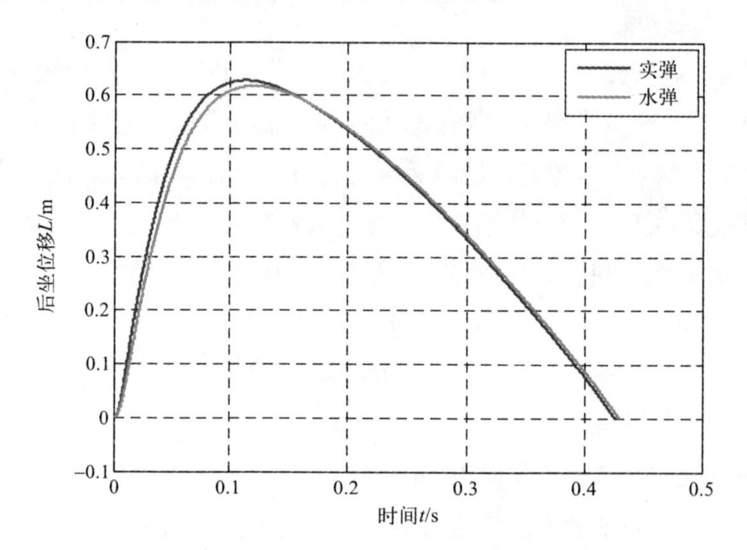

图 4-5　火炮实弹与水弹试验后坐与复进位移曲线

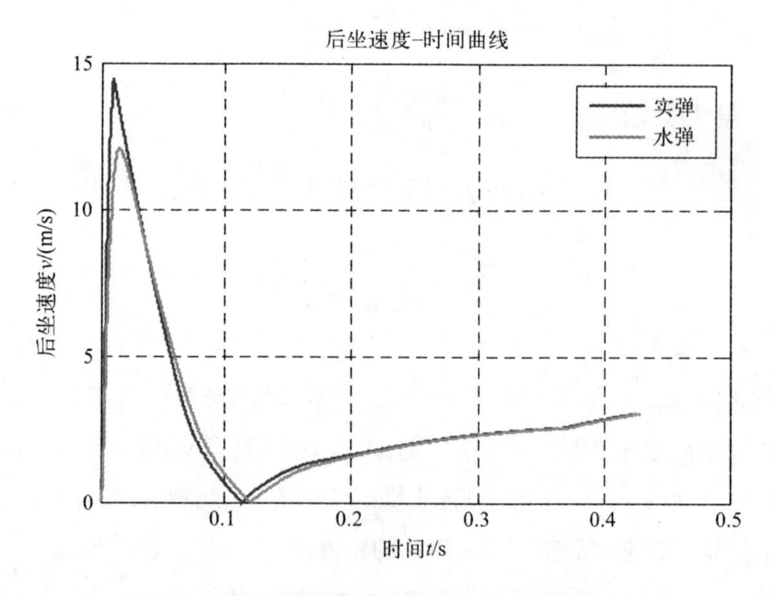

图 4-6　火炮实弹与水弹试验后坐与复进速度曲线

由图 4-5 可知，火炮发射后在炮膛合力作用下，火炮部分迅速后坐，很快达到最大后坐速度；在后坐阻力的作用下，火炮做减速后坐，直到在一定距离上停止下来。随后，火炮做复进运动，直到恢复原位。

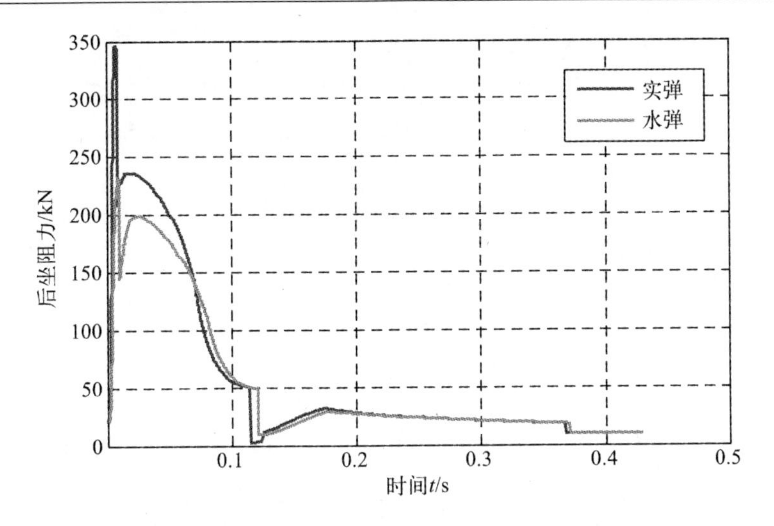

图 4-7　火炮实弹与水弹试验后坐阻力曲线

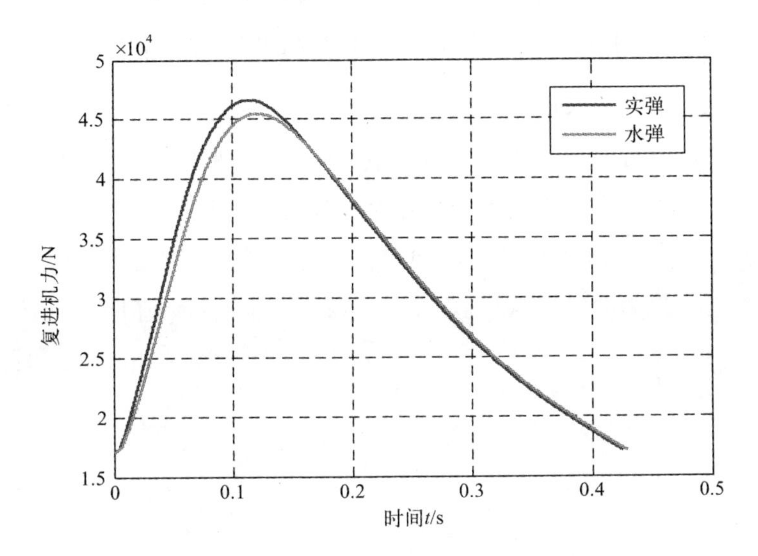

图 4-8　火炮实弹与水弹试验复进机力曲线

火炮水弹试验与实弹射击的后坐位移曲线相似,基本吻合,水弹试验的最大后坐位移略小于实弹射击时的最大后坐位移。

由图 4-6 可知,火炮水弹试验与实弹射击后坐速度曲线形状相似,基本吻合,水弹最大后坐速度略小于实弹后坐速度,故后坐复进时间略长于实弹射击。

由图 4-7 可知,水弹试验与实弹射击后坐阻力曲线形状相似,基本吻合。因水弹试验的后坐速度低于实弹射击,故水弹最大后坐阻力略小于实弹后坐阻力,后坐复进时间略长于实弹射击。

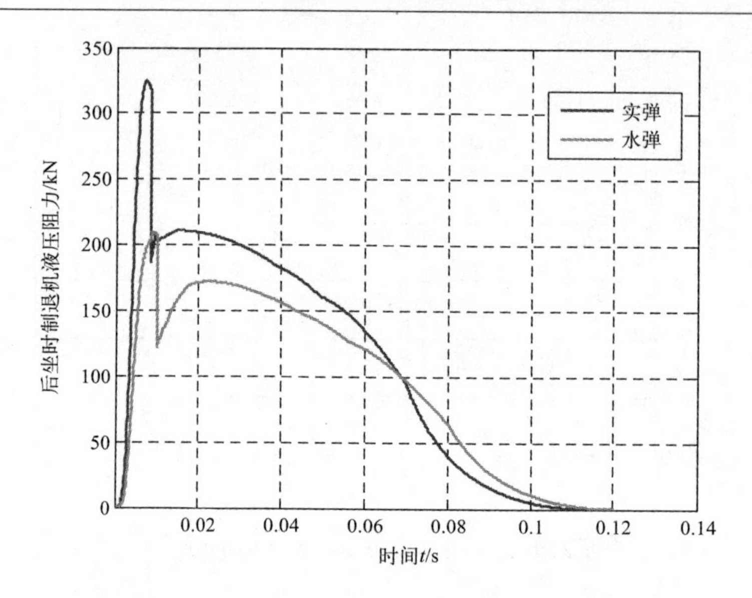

图 4-9　火炮实弹与水弹试验时制退机液压阻力曲线

由图 4-8 可知，火炮水弹试验与实弹射击两种射击方式下，复进机力曲线形状相似，基本吻合。复进机力与后坐距离相关，水弹试验时的后坐距离略小于实弹射击，故最大复进机力略大于实弹射击时的最大复进机力。

由图 4-9 可知，水弹试验与实弹射击制退机液压阻力曲线形状相似，基本吻合，且与后坐阻力曲线形状相似。后坐过程中，制退机液压阻力是后坐阻力的主要组成部分。

第 5 章　火炮修后水弹试验安全性研究

火炮大修后，需进行水弹试验，以动态方式综合考核火炮修理质量，确定火炮的技术状态，因此，火炮修后水弹试验是确保火炮修理质量的重要检验环节。火炮水弹试验时，虽然产生与实弹射击相似的火炮后坐与复进运动，但与实弹射击相比，其内弹道发生较大变化，如果水弹试验时装水质量不合理，也会使火炮内膛产生新的塑性变形，出现火炮身管胀膛现象，引起不必要的火炮水弹试验安全事故。火炮水弹试验安全性是进行火炮水弹试验的前提基础。目前，火炮水弹试验人员受技术力量的约束，开展火炮水弹试验理论研究极少，仍然采用"水弹试验加试验后测量膛径变化"等试验实践的角度来摸索水弹试验的安全性研究，该方法简单、实用，但盲目性大，易出现火炮身管胀膛安全性事故；对水弹试验中出现的火炮身管胀膛现象只能做定性分析研究，无法从理论上定量阐述身管胀膛原因。为确保水弹试验时不造成身管胀膛及其他损伤，必须进行火炮水弹试验安全性的理论研究。

火炮水弹试验理论计算及水弹试验实践表明：装水质量对炮口部压力影响较大，而对膛底压力影响不大。当装水质量不当时，炮口部压力会接近甚至超出身管的实际强度极限，造成内膛胀膛。为保证水弹试验时不造成身管胀膛及其他损伤，必须严格控制装水质量。

5.1 火炮修后水弹试验内膛理论压力

火炮水弹试验内膛理论压力是身管强度设计与校核的基本依据，计算方法有以下两种：

(1) 平均压力法。它认为发射时任一瞬间的膛内压力都是平均压力，即在任一瞬间弹后空间身管内壁都承受内弹道平均压力的作用。该方法虽然计算简单，但没有考虑膛内压力的实际分布规律，很少应用。

(2) 高低温法。它认为发射时任一瞬间的膛内压力分布是不均匀的，并且要考虑温度对压力规律的影响。该方法在火炮工程设计中得到广泛应用。

5.1.1 高低温平均压力曲线

由第2章水弹内弹道学可计算得到火炮膛内压力随弹丸行程变化关系曲

线,即 $p \sim l$ 曲线。为了研究方便,认为弹后空间各截面压力相等,为一常量,此常量为上述压力分布曲线的积分平均值,也称为内弹道平均压力。

火炮在高低温环境下射击,膛内内弹道参数是不同的。高温时,火药燃烧速度快,膛内压力上升快,弹丸速度相应也较高;反之,低温时火药燃烧速度慢,膛内压力上升慢,弹丸速度相应也较低。高低温膛内压力计算模型与方法同常温内弹道计算方法一样,只是高低温时火药燃烧速度及火药燃烧指数参数不同。我国目前采用的温度范围是:标准常温为 15℃,高温采用 50℃,低温采用 -40℃。

应用上述内弹道计算模型可分别得到高温 50℃、常温 15℃与低温 -40℃时的膛内平均压力曲线。某加榴炮实弹、水弹试验时的高低温平均压力曲线如图 5-1 和图 5-2 所示。

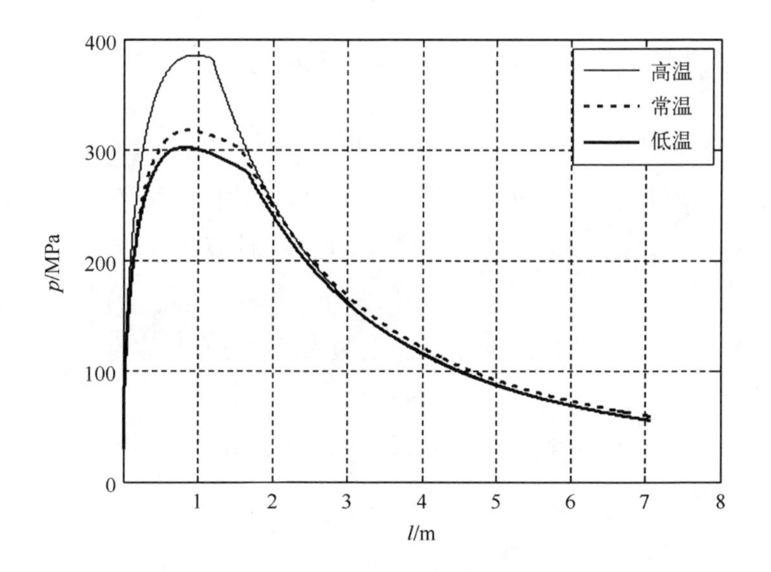

图 5-1　火炮高低温膛内压力曲线

比较图 5-1、图 5-2 可知,水弹试验与实弹射击的高低温平均压力曲线形状相似,但由于水弹试验的特点不同,虽然其最大膛压较实弹射击的最大膛压要低,但其炮口部膛压较实弹射击时的相应压力要高,即水弹试验改变了传统实弹射击时的内弹道变化规律,这应引起水弹试验人员高度注意。

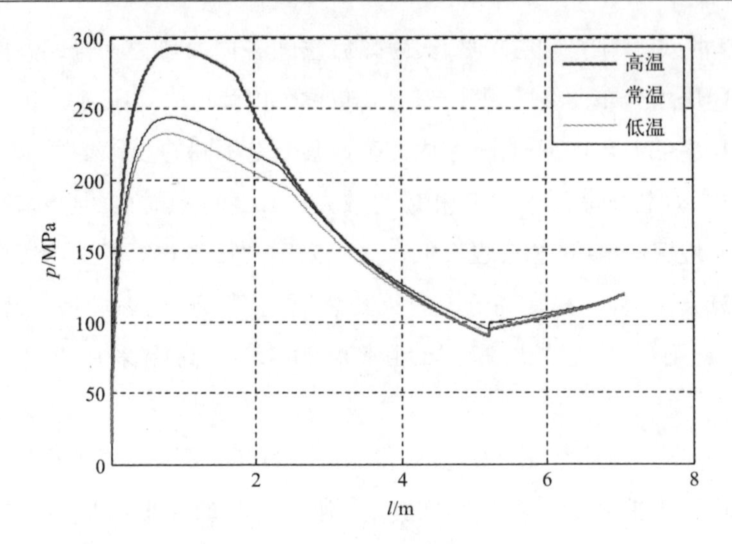

图 5-2　水弹试验高低温膛压曲线

5.1.2　膛底压力 p_t、弹底压力 p_d 与平均压力 p 之间的关系

火炮身管各截面的强度设计与校核的依据并不是内膛平均压力，采用高低温法设计与校核时，还会用到弹底压力和膛底压力，应建立弹底压力和膛底压力与平均压力之间的关系，便于由平均压力来计算相应的弹底压力和膛底压力。

由内弹道可知，弹丸在膛内运动时期，膛内压力分布规律为

$$p_t > p_x > p_d \tag{5-1}$$

式中：p_x——发射时任一截面的压力（Pa），如图 5-3 所示。

p_x 与弹底压力 p_d 之间的关系为

$$p_x = p_d\left[1 + \frac{\omega}{2\varphi_1 m_1}\left(1 - \frac{x^2}{L^2}\right)\right] \tag{5-2}$$

式中：L——药室至弹底的距离（m）；

x——截面至药室底的距离（m）。

由火炮内弹道学知，膛底压力 p_t、弹底压力 p_d 与平均压力 p 的关系为

$$p = \left(1 + \lambda_1 \frac{\omega}{\varphi m_1}\right)p_d \tag{5-3}$$

$$p_t = \left(1 + \lambda_1 \frac{\omega}{\varphi m_1}\right)\left(1 + \lambda_2 \frac{\omega}{\varphi m_1}\right)p \tag{5-4}$$

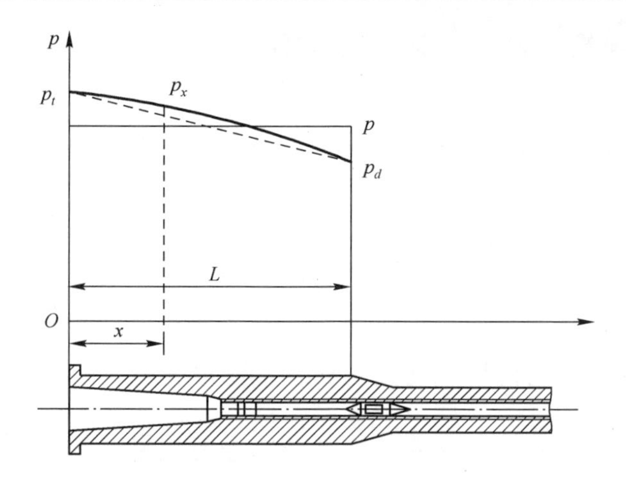

图 5-3　弹后空间的压力曲线

式中：$\lambda_1 = \dfrac{\dfrac{1}{\chi} + \Lambda_g}{2(1+\Lambda_g)}$，$\lambda_2 = \dfrac{\dfrac{1}{\chi} + \Lambda_g}{3(1+\Lambda_g)}$，$\Lambda_g$ 为弹丸膛内相对全行程(m)，χ 为药室扩大系数，$\chi = \dfrac{l_0}{l_{ys}}$，其中 l_0 为药室容积缩颈长(m)，$l_0 = \dfrac{V_0}{S}$，V_0 为药室容积(m^3)，l_{ys} 为药室长(m)。

5.1.3　考虑膛内压力分布时的压力曲线

考虑膛内压力分布时，认为发射后各瞬间由膛底到弹底的压力作直线分布。此时，内膛压力曲线由 3 段组成，如图 5-4 所示。

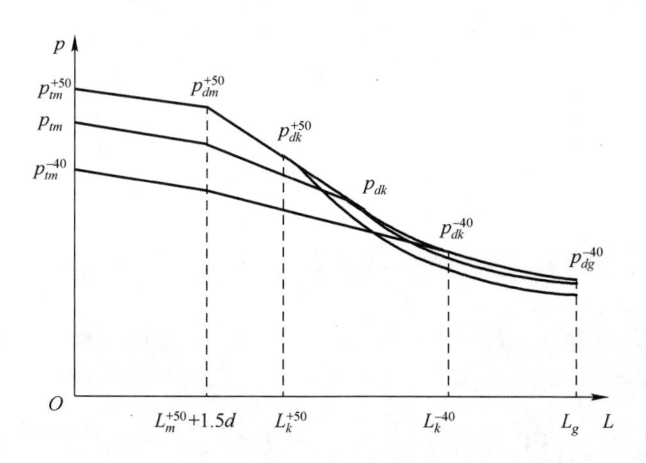

图 5-4　考虑膛内压力分布时的高低温压力曲线

(1) 膛底至最大膛压点前移1.5倍口径($L=0\rightarrow L=L_m+1.5d$),为$p_{tm}$至$p_{dm}$的直线。

(2) 最大膛压点前移1.5倍口径至燃烧结束点($L=L_m+1.5d\rightarrow L=L_k$),为$p_{dm}$至$p_{dk}$的直线。

(3) 燃烧结束点至炮口点($L=L_k$至$L=L_g$),为该段的弹底压力$p_d\sim L$曲线,即p_{dk}至p_{dg}的一段曲线。

5.1.4 考虑装药初温影响时的高低温压力曲线

火炮在各种条件下进行水弹试验,装药温度受气温影响很大。为了保证安全,高低温法还要考虑药温变化对内膛压力规律的影响。我国目前采用的温度范围是:标准常温为15℃,高温采用50℃,低温采用-40℃。

首先按"考虑膛内压力分布时的压力曲线"的方法分别计算高温50℃、常温15℃和低温-40℃时的各自压力值,即3条压力曲线,然后取其外包络线,得出在管的高低温压力曲线,实际计算机计算时,在身管每一截面处,取高温50℃、常温15℃和低温-40℃中最大压力值即可。工程实践中,此时的高低温压力曲线由4段组成,如图5-5所示。

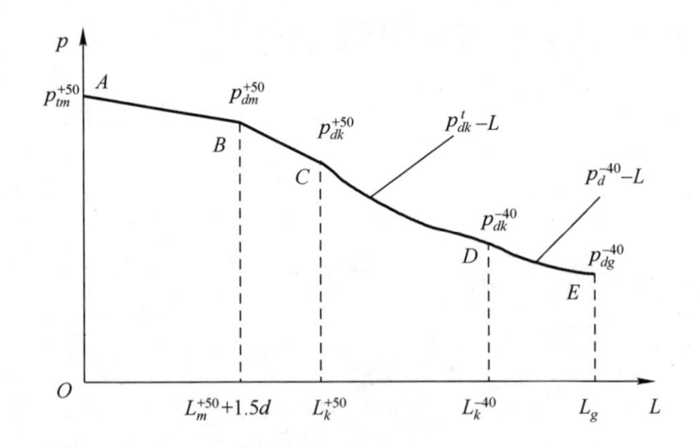

图5-5 身管水弹试验时的高低温压力曲线

(1) 由$L=0$至$L=L_m^{+50}+1.5d$的压力曲线变化规律是线性的,用p_{tm}^{+50}至p_{dm}^{+50}的直线表示。

(2) 由$L=L_m^{+50}+1.5d$至$L=L_k^{+50}$的压力曲线变化规律是线性的,用p_{dm}^{+50}至p_{dk}^{+50}的直线表示。

（3）由 $L=L_k^{+50}$ 至 $L=L_k^{-40}$ 的压力曲线变化规律用曲线 $p_{dk}^{t}\sim L$ 表示。

（4）由 $L=L_k^{-40}$ 至 $L=L_g$ 的压力曲线变化规律用曲线 $p_d^{-40}\sim L$ 表示。

5.1.5　考虑安全系数时的理论内压曲线

高低温压力计算时,应用经典内弹道学和厚壁圆筒理论。由于火炮身管并不是理想厚壁圆筒,身管材料也不均质,计算得到的身管内压与身管实际所受的内压不一致,主要有以下 3 个方面的原因:

（1）身管实际工作条件与基本假设有差别。身管强度极限公式建立在厚壁圆筒 5 项基本假设基础上,实际身管内外形并不是理想圆筒。

（2）公式中的身管内表面上的压力与实际压力不完全一致。火药气体的压力可以通过内弹道计算得到,也可以通过弹道试验测出,都有一定的误差,一般按 12% 进行修正。另外,计算时忽略了发射时身管所受弹丸弹带径向作用力、弹丸定心部对炮膛的作用力,必然带来计算结果与实际情况的差别。

（3）身管的材料不均质。为了使设计尽可能地接近实际情况,通过反复的实践,常用安全系数来修正火炮身管内膛压力计算值。

设身管计算内压用 p 来表示,身管理论压力用 P_1 来表示,则身管的安全系数 n 可表示为 $n=\dfrac{P_1}{p}$。

用高低温法设计身管时,因为考虑了温度对膛压的影响,压力计算值比较符合实际,故其安全系数也取得小一些。身管各部的最低安全系数如下:

药室部 $n=1.0$;膛线部根据膛线深度的不同分为两种,对深膛线 $n=1.2$,对浅膛线 $n=1.1$;炮口部 $n=1.9$(对自行火炮、坦克炮 $n=1.7$)。

考虑到工作的情况与炮口制退器的连接情况,在炮口二倍口径长度上都采用炮口部安全系数。炮口部到最大膛压前移点之间的安全系数的变化规律应取为由线膛部的安全系数至炮口部的安全系数的直线,如图 5-6 所示。

因此,火炮水弹试验时的内膛理论压力为

$$P_1=n\cdot p \tag{5-5}$$

按上述计算方法与步骤,可计算得到某榴弹炮的理论内压曲线。图 5-7 为高低温压力曲线及其内膛理论压力曲线,图 5-8 为水弹与实弹射击时的内膛理论压力曲线。

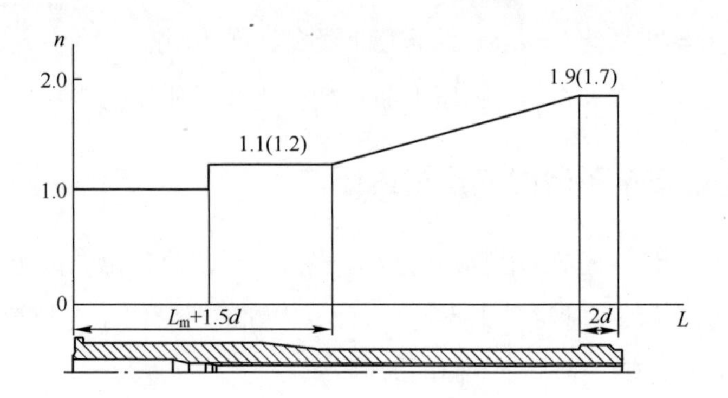

图 5-6　高低温法身管各部的安全系数

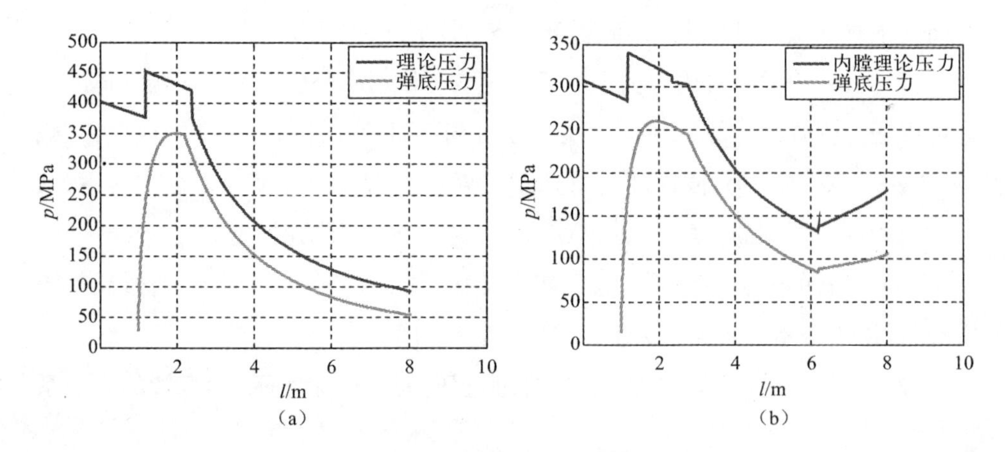

图 5-7　高低温压力曲线及其内膛理论压力曲线

(a)实弹射击;(b)水弹试验。

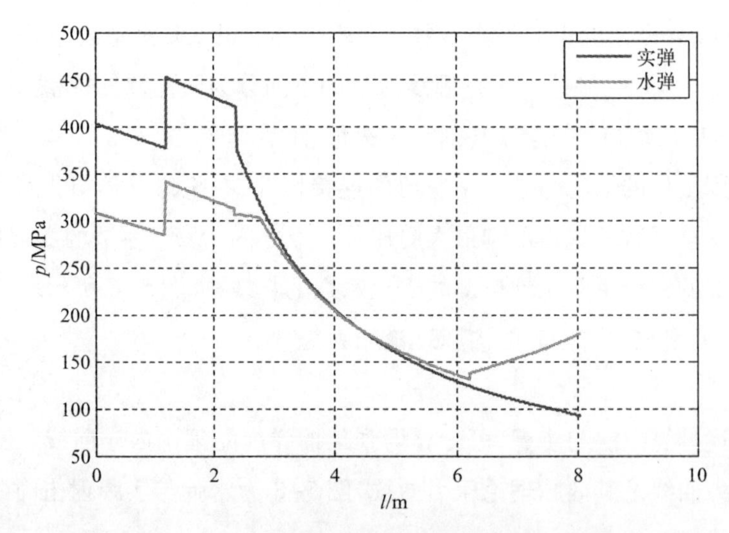

图 5-8　水弹与实弹射击时的内膛理论压力曲线

5.2　火炮水弹试验时身管实际强度

火炮修后在各种复杂情况下进行水弹试验,一方面,火炮水弹试验内膛压力作用在火炮身管内壁,使火炮身管内壁产生合理的变形;另一方面,火炮身管必须具有足够的强度,以承受巨大的火炮内膛压力作用,即身管不允许产生破裂(炸膛)和内表面产生新的塑性变形(胀膛)。目前,在役火炮身管主要有单筒身管和自紧身管两种,由于其制造工艺不同,身管所能承受的内膛压力不同,身管强度的计算方法也不同,必须分别计算。

5.2.1　单筒身管弹性强度极限

单筒身管是一个单层的厚壁圆筒,制造后管壁没有人为的预应力。射击时,火药燃气压力作用在身管内表面上,迫使身管向外膨胀。为了射击安全性,身管在火药燃气作用下,不但不能产生破裂(通常称为炸膛),而且内表面不能产生塑性变形(通常称为胀膛)。

单筒身管不产生塑性变形时所能承受的最大内压力,称为单筒身管弹性强度极限。当火炮内压小于或等于身管弹性强度时,身管内表面只做弹性变形。当内压超过身管弹性强度极限时,身管内表面就会产生塑性变形。因此,本章也以身管弹性强度极限来校核身管水弹试验的安全性。

为了简化问题,在厚壁圆筒基本假设的基础上再补充以下几点假设:

(1) 单筒身管的任一横截面是一个内半径为 r_1、外半径为 r_2 的厚壁圆筒。

(2) 身管外表面的压力为零。

(3) 忽略身管的轴向力的作用。

火炮常用强度理论主要有第二强度理论、第三强度理论与第四强度理论。

(1) 采用第二强度理论的身管强度极限。第二强度理论认为,材料的危险状态是由最大拉伸线应变引起的,故也叫做最大线应变理论。根据身管不产生塑性变形的要求,其壁内的最大应变 $\varepsilon_{\max}$ 必须满足

$$\varepsilon_{\max} \leqslant \varepsilon_p$$

式中:$\varepsilon_p = \dfrac{\sigma_p}{E}$——身管材料拉伸应力达到材料比例极限 σ_p 时的应变;

E——材料的弹性模量(Pa)。

因此,上式可写成

$$E\varepsilon_{max} \leqslant \sigma_p$$

发射时,当身管壁内产生的最大相当应力 $E\varepsilon_{max} = \sigma_p$ 时,表示身管在火药气体作用下,其内表面材料达到极限状态。

由厚壁圆筒理论可知,发射时单筒身管壁内产生的最大相当应力是切向相当应力 $E\varepsilon_{max}$,其最大值产生在身管内表面上,即

$$E\varepsilon_{t1} = \frac{2}{3}p_1 \frac{2r_2^2 + r_1^2}{r_2^2 - r_1^2}$$

设内压 P_{12} 为采用第二强度理论的身管弹性强度极限,$E\varepsilon_{max} = \sigma_p$ 时,$p_1 = P_{12}$,则

$$P_{12} = \frac{3}{2}\sigma_p \frac{r_2^2 - r_1^2}{2r_2^2 + r_1^2}$$

(2) 采用第三强度理论的身管强度极限。第三强度理论认为,材料的危险状态是由最大剪应力引起的,故也称最大剪应力理论。当复杂受力构件上的剪应力达到简单拉伸情况下危险的最大剪应力值时,材料达到危险状态。

由材料力学可知,最大剪应力等于最大主应力 σ_1 和最小主应力 σ_3 差值的1/2,即

$$\tau_{max} = \frac{\sigma_1 - \sigma_3}{2} \tag{5-6}$$

简单拉伸是材料达到比例极限时的最大剪应力为$\frac{\sigma_p}{2}$,因此,身管不产生塑性变形的条件为

$$\sigma_1 - \sigma_3 \leqslant \sigma_p \tag{5-7}$$

由厚壁圆筒理论可知,单筒身管最大的主应力是内表面的切向应力 σ_{t1},最小主应力是内表面的径向应力 σ_{r1},这样,身管强度条件可写为

$$\sigma_{t1} - \sigma_{r1} \leqslant \sigma_p \tag{5-8}$$

根据单筒身管的受力条件,应用厚壁圆筒的公式推出内表面的切应力为

$$\sigma_{t1} = p_1 \frac{r_2^2 + r_1^2}{r_2^2 - r_1^2} \tag{5-9}$$

内表面的径向应力为

$$\sigma_{r1} = -p_1 \tag{5-10}$$

将 σ_{t1} 和 σ_{r1} 代入身管的强度条件中，取极限情况 $\sigma_{t1} - \sigma_{r1} = \sigma_p$ 时，内压 $p_1 = p_{13}$，则

$$p_{13} = \sigma_s \frac{r_2^2 - r_1^2}{2r_2^2} \tag{5-11}$$

（3）采用第四强度理论的身管强度极限。第四强度理论认为，材料的危险状态是由形状变形比能达到极限值引起的，故也叫做最大变形能理论。第四强度理论的强度条件为

$$\frac{1}{2}\sqrt{(\sigma_1 - \sigma_2)^2 + (\sigma_2 - \sigma_3)^2 + (\sigma_3 - \sigma_1)^2} \leqslant \sigma_p$$

根据厚壁圆筒理论和单筒身管的受力情况可知：$\sigma_1 = \sigma_{t1}, \sigma_2 = \sigma_z = 0, \sigma_3 = \sigma_{r1}$。代入上式得

$$\sqrt{\sigma_{t1}^2 - \sigma_{t1}\sigma_{r1} + \sigma_{r1}^2} \leqslant \sigma_p$$

设内压 P_{14} 为采用第四强度理论的身管弹性强度极限，当 $p_1 = P_{14}$ 时，则得

$$P_{14} = \sigma_p \frac{r_2^2 - r_1^2}{\sqrt{3r_2^4 + r_1^4}}$$

在第二、三、四强度理论中，第二强度理论适用于脆性材料，第三、四强度理论适用于塑性材料。一般地，在复杂应力状态下，第四强度理论可较确切地反映出构件的应力状态。为了弥补各强度理论与实际的差别，在采用不同强度理论时都要选用相应的安全系数。身管强度设计与校核工程实践中，第三强度理论应用最为广泛，因此，本章也应用第三强度理论来进行身管的强度分析计算。

采用第三强度理论的单筒身管强度极限，即

$$p_e = \sigma_p \frac{r_2^2 - r_1^2}{2r_2^2} \tag{5-12}$$

5.2.2　自紧身管理论强度极限

自紧身管是在制造时对其内压施以高压，使内壁部分或全部产生塑性变形。内压去除以后，由于管壁各层塑性变形不一致，在各层之间形成相互作用，使内层产生压应力而外层产生拉应力。由于内壁产生与发射时符号相反的预应力，

因此发射时身管壁内应力趋于均匀，提高了身管强度。我们将内膛用高压处理过的身管称为自紧身管。

自紧身管可提高身管的强度，在同样材料强度和相同尺寸的条件下，自紧身管比单筒身管可提高一倍以上强度；可降低对炮钢材料强度的要求；同时还有利于提高身管寿命，因而得到广泛应用。

自紧工艺主要有液压自紧法、冲头挤扩法（也称机械自紧法）和爆炸自紧法。目前，以液压自紧法应用最为广泛。

由于自紧身管产生比较大的塑性变形，因此采用材料的屈服极限 σ_s，并采用第三或第四强度理论。

自紧身管的应力状态，以液压自紧法为例，在高压液体作用下，身管内表面首先开始达到屈服状态。我们仍采用第三强度理论即最大剪应力理论，则此时内表面有最大剪应力 τ_m，且

$$\tau_m \leqslant \frac{\sigma_1 - \sigma_3}{2} = \frac{\sigma_s}{2} \tag{5-13}$$

式中：σ_1、σ_3——主应力（Pa）；

σ_s——材料的屈服极限（Pa）。

对于火炮身管，即 $\sigma_1 = \sigma_t$ 与 $\sigma_3 = \sigma_r$，并且 $p = -\sigma_r$。

如果将液压继续提高，则塑性变形区由内表面逐渐向外扩展。以 ρ 表示塑性区的外半径，则身管壁分成内、外两个区域：由 $r_1 \to \rho$ 为塑性区，由 $\rho \to r_2$ 为弹性区。如果内压进一步增大，塑性区不断扩大，可以直至身管壁全部呈塑性区，达到极限负荷状态。如果材料屈服后不存在变形强化现象，即 σ_s 处拉伸实验曲线呈水平线时，身管壁在内压作用下就会不断增大塑性变形而直至破坏，所以极限负荷状态也称失稳状态。实际上，由于材料都存在一定的变形强化现象，也即 σ_s 拉伸试验曲线在 σ_s 点以上有一定程度上升，如图 5-9 所示。所以在极限负荷状态，内压不再继续升高时，身管还不至于进一步塑性变形。一般以身管达到 100% 过应变时所受的压力，作为最大的自紧压力。

采用第三强度理论，自紧身管的强度条件为

$$\tau_m \leqslant \frac{1}{2}\sigma_s \tag{5-14}$$

对身管火炮来说，最大主应力 σ_1 是切向应力 σ_t，径向应力 σ_r 是负值，为

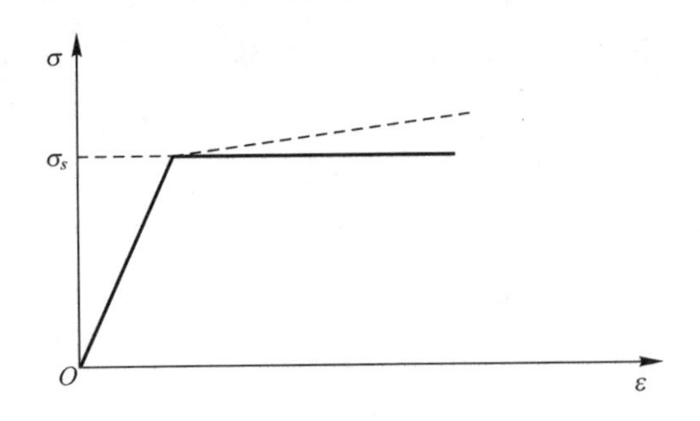

图 5-9　材料拉伸曲线

σ_3，一般习惯将径向压力用 p 来表示，且 $p=-\sigma_r$。故式(5-14)改写为

$$2\tau_m=\sigma_t-\sigma_r=\sigma_t+p\leqslant\sigma_s \tag{5-15}$$

在推导计算公式过程中补充几点假设：

(1) 身管材料的拉伸和压缩性能一样。

(2) 材料塑性变形强化的影响不计。

(3) 不考虑轴向应力的作用。

先对存在塑性和弹性两个区域的半弹性状态身管进行分析。

1. 弹性区($\rho\rightarrow r_2$)

这个区域可看成内半径 ρ、外半径 r_2 的单筒身管，因此，在半径 ρ 处的径向压力 p_ρ 即为弹性强度极限，按第三强度理论，有

$$p_\rho=\sigma_s\frac{r_2^2-\rho^2}{2r_2^2} \tag{5-16}$$

在弹性区，各点径向压力则可由厚壁圆筒公式得到

$$p=p_\rho\frac{\rho^2}{r^2}\cdot\frac{r_2^2-r^2}{r_2^2-\rho^2} \tag{5-17}$$

将式(5-17)中的 p_ρ 代入式(5-16)，则得

$$p=\sigma_s\frac{\rho^2}{r^2}\cdot\frac{r_2^2-r^2}{2r^2} \tag{5-18}$$

同理，可得弹性区内的切向表达式为

$$\sigma_t=p_\rho\frac{\rho^2}{r^2}\cdot\frac{r_2^2+r^2}{r_2^2-\rho^2} \tag{5-19}$$

和

$$\sigma_t = \sigma_s \frac{\rho^2}{r^2} \cdot \frac{r_2^2 + r^2}{2r^2} \tag{5-20}$$

按照第三强度理论的相当应力为

$$2\tau = \sigma_t - \sigma_r = \sigma_t + p \tag{5-21}$$

将式(5-18)、式(5-20)代入式(5-21),化简有

$$2\tau = \sigma_s \frac{\rho^2}{r^2} \tag{5-22}$$

2. 塑性区($r_1 \to \rho$)

在塑性区内各点的相当应力均已达到屈服极限,即

$$2\tau = \sigma_t - \sigma_r = \sigma_s \tag{5-23}$$

再与厚壁圆筒的静力平衡方程式

$$\sigma_r + r\frac{\mathrm{d}\sigma_r}{\mathrm{d}r} - \sigma_t = 0 \tag{5-24}$$

联立求解得

$$r\frac{\mathrm{d}\sigma_r}{\mathrm{d}r} = \sigma_s \tag{5-25}$$

在塑性区内由 r 到 ρ 积分,即

$$\int_p^{p_\rho} \mathrm{d}(-\sigma_r) = -\sigma_s \int_r^\rho \frac{1}{r}\mathrm{d}r \tag{5-26}$$

由此式解出半弹性状态自紧身管塑性区内各点的径向压力为

$$p = p_\rho + \sigma_s \ln\frac{\rho}{r} \tag{5-27}$$

将式(5-16)中的 p_ρ 代入式(5-27),有

$$p = \sigma_s\left(\ln\frac{\rho}{r_1} + \frac{r_2^2 - \rho^2}{2r_2^2}\right) \tag{5-28}$$

全塑性状态时,$\rho = r_2$,则式(5-28)为

$$p = \sigma_s \ln\frac{r_2}{r_1} \tag{5-29}$$

考虑安全性能,加入安全系数,则式(5-28)和式(5-29)变为

$$\begin{aligned} p &= 1.08\sigma_s\left(\ln\frac{\rho}{r_1} + \frac{r_2^2 - \rho^2}{2r_2^2}\right) \\ p &= 1.08\sigma_s \ln\frac{r_2}{r_1} \end{aligned} \tag{5-30}$$

由此可得局部自紧和全自紧的身管强度极限为

$$p_e = 1.08\sigma_s\left(\ln\frac{\rho}{r_1} + \frac{r_2^2 - \rho^2}{2r_2^2}\right)$$
$$p_e = 1.08\sigma_s\ln\frac{r_2}{r_1} \tag{5-31}$$

5.2.3　身管实际强度曲线

身管外部由后向前逐渐变细，结构为多段圆柱段与圆锥段，以适应身管内部压力的变化规律。由身管具体结构可得身管（单筒身管、自紧身管或单筒－自紧组合身管）的结构尺寸，包括身管轴向尺寸、身管实际外径 $2r_{20}$、实际内径 $2r_{10}$ 及自紧半径 2ρ 等结构尺寸，代入身管实际强度公式为

$$p_e = \begin{cases} \sigma_p \dfrac{r_2^2 - r_1^2}{2r_2^2} & \text{（单筒身管段）} \\ 1.08\sigma_s\left(\ln\dfrac{\rho}{r_1} + \dfrac{r_2^2 - \rho^2}{2r_2^2}\right) & \text{（自紧身管段）} \end{cases} \tag{5-32}$$

可得身管的实际强度曲线。

基于上述模型，编程计算得到某加榴炮的实际强度曲线，如图 5-10 所示，该炮身管后半部采用局部自紧工艺。

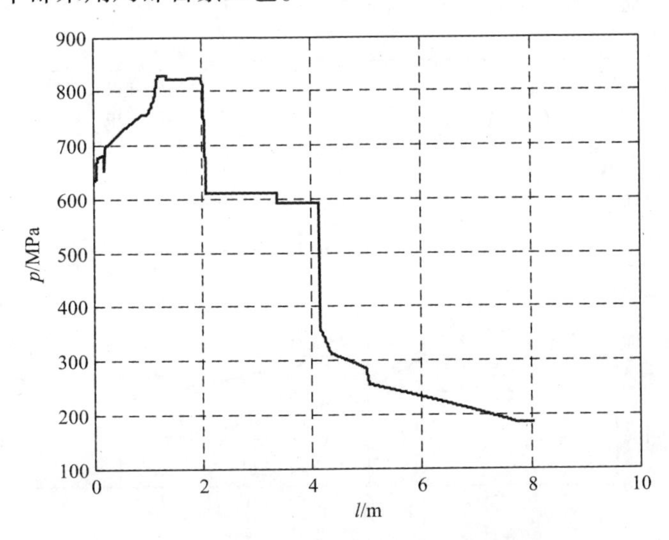

图 5-10　某自行加榴炮的实际强度曲线

由图可知，由于该身管的后半部为规正火炮后坐与复进运动方向的二段圆

柱部，又采用自紧工艺，故后半部的实际强度较高；前半部结构上呈圆锥形，故其实际强度也逐渐减小。

5.3 火炮修后水弹试验安全性评估

5.1 节和 5.2 节可分别求得火炮水弹试验时，火炮身管内膛各截面的理论压力 p_1 和身管实际强度 p_e。只要其身管内膛各截面的理论压力 p_1 小于身管实际强度 p_e，则火炮水弹试验时，身管不会产生新的塑性变形，水弹试验是安全的。反之，在身管内膛各截面上，如果火炮内膛压力 p_1 大于该处的身管实际强度 p_e，则火炮水弹试验时会产生新的塑性变形，试验后身管内壁的弹性变形恢复，塑性变形不会恢复，即出现胀膛现象，这是绝不允许的。因此，火炮水弹试验的安全性要求为

$$p_1 \leqslant p_e \tag{5-33}$$

图 5-11 为某加榴炮的理论强度曲线和实际强度曲线。由图可知，火炮实弹射击，理论强度较实际强度低许多，射击安全性是有保证的。水弹试验时，身管后部膛压较低，身管内膛压力较身管实际强度低许多，身管的强度裕量较大，是安全的；但由于火炮水弹质量随程变化，炮口压力较大，身管炮口部的理论强度已接近实际强度曲线，但仍是安全的。

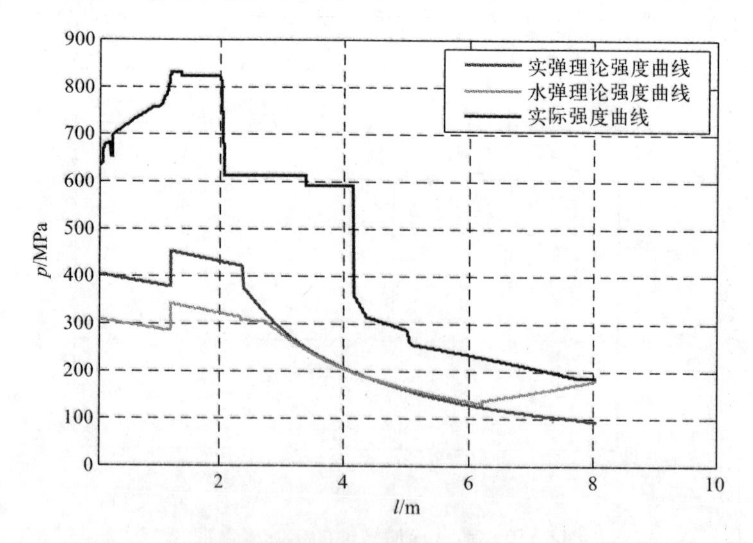

图 5-11　某自行加榴炮的内膛理论强度与实际强度曲线

由水弹试验内弹道分析可知,水弹试验时身管膛内压力随装水质量增多而增大,因此,身管炮口部的理论强度有时会超过身管实际强度,出现胀膛现象,这种现象在火炮生产工厂新品交验水弹试验过程中曾经出现过。因而,火炮水弹试验后,一方面,应从理论上对水弹试验方案进行考核,分析是否会出现身管理论压力大于身管实际强度的现象;另一方面,工程实践上还必须进行内膛质量检查,检查有无胀膛现象发生,确保水弹试验安全。

第6章　火炮修后水弹试验测试技术

火炮水弹试验后,必须对火炮后坐、复进运动状态及运动规律做出准确评估,以评判修理质量的好坏,及时发现故障,确保火炮修理质量。试验过程中后坐距离过长、后坐距离不足、复进过短、复进过大与漏液漏气等现象都完全能由火炮后坐、复进运动状态及运动规律来表征。目前,修理工厂水弹试验时,只能通过火炮自身配套的后坐指示表尺指示火炮后坐距离,定性评估火炮后坐运动性能及其可靠性;通过炮尾各机构的开闩、抽筒等动作,定性评估火炮复进运动性能及可靠性。该方法只能对试验结果进行定性评估,手段落后,精度低,很多情况时候还需要不断摸索。现代测试技术发展十分迅速,为火炮修后水弹试验动态测试提供了方法手段。

通过到国内几家开展火炮大修工厂调研水弹试验测试方案,得知其试验方案基本如下:

(1) 考核后坐复进总时间。

后坐复进总时间是指从发射瞬间至火炮复进到位的时间,该时间一般通过秒表记录。试验过程中一旦出现复进不到位时,该时间超差。

(2) 考核火炮后坐距离。

即火炮在规定的射击条件下产生的实际后坐长度,考察修后火炮能否在规定后坐位置停止后坐运动。一般会通过现场人工判读后坐标尺读数。

(3) 考核复进机压力。

用以考察反后坐装置在射击条件下的气密性,通常采用压力表检测复进机发射前后的压力差来评判复进机气密性的好坏,现行方法操作不便,随意性比较大。

由上所述,除了定性考核火炮后坐复进运动、开闩抽筒动作以外,还要定量检测以下参数:

(1) 后坐复进时间。

(2) 火炮后坐距离。

(3) 复进机压力。

6.1 基于传感技术的接触式测试系统

火炮发射过程极短,只有1/100s左右,火炮后坐、复进运动也不到1s。火炮发射过程的特殊性，要想获得满意的测试数据和曲线就需要针对发射过程中反后坐装置的状态与参数合理选择传感器，制定切实可行的测试方案，并选用符合要求的测试仪器和设备。

火炮水弹试验测试系统主要包括测试用传感器、数据采集与分析模块，以及一些外部设备。

6.1.1　传感器

火炮后坐复进运动评估需要复进机压力、后坐位移、后坐速度、复进速度等参数，因此需要压力传感器、位移传感器。在火炮实际射击时，制退机后坐压力值一般在 30MPa 以内，复进机气压不超过 20MPa。最大后坐速度在 10m/s 左右，后坐时间一般为 100～200ms，后坐位移一般为 1m 左右。按照技术要求，结合实际情况，选用压力、位移传感器。

(1) 位移传感器。位移传感器主要有单极电磁测速传感器（钢带测速仪）、光电式测速传感器和拉线式位移传感器。

钢带测速仪的拉出最大速度为 20m/s，卷回最大速度为 5m/s，最大行程为 1.5m，适用于大口径、低射速、长后坐火炮的后坐、复进速度位移的测试。但该测速仪存在体积大、拉出摩擦力大、质量大、回收速度低等缺点，目前已基本被淘汰（图 6-1）。

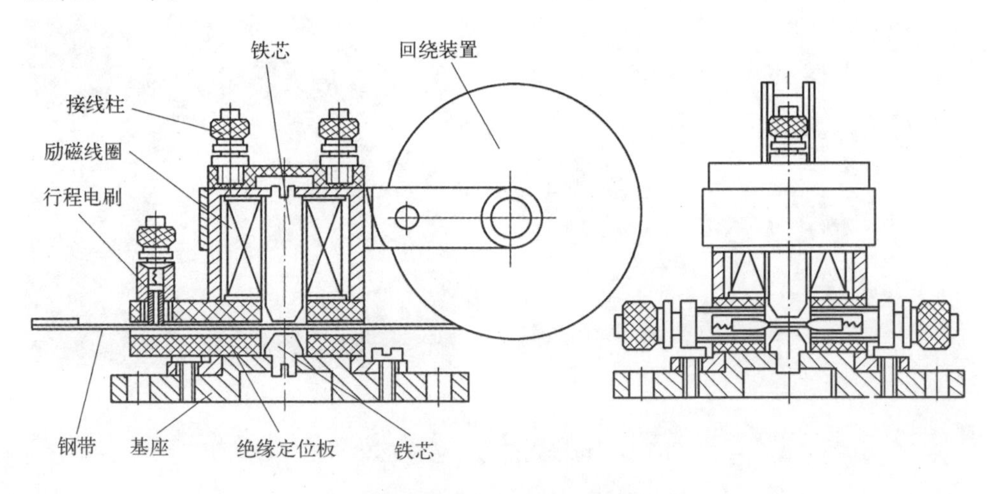

图 6-1　钢带测速仪结构图

光电式测速传感器与电磁钢带测速传感器相比，由于去掉了速度电刷和行程电刷,使得钢带的拉出和收回摩擦力大为减小,从而也减小了对运动体的影响,增大了测速范围(主要表现在卷回速度上,卷回最大速度可达 17m/s)(图 6-2)。

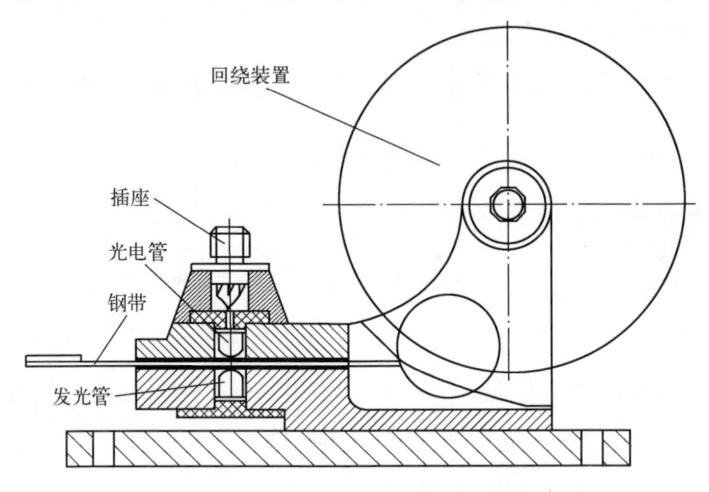

图 6-2　光电式测速传感器结构

拉线式位移传感器具有体积小、质量小、响应快、测试距离长、柔性好的特性,能够实现火炮射击时,快速、大位移、强振动条件下的后坐位移量测试。本系统采用拉线式位移传感器。使用时,将位移传感器(静止部分)以夹具固定在火炮摇架上,将传感器线(运动部分)固定在与炮尾相连的钢柱上,使其随火炮后坐部分一同向后运动,如图 6-3 所示。

(a)

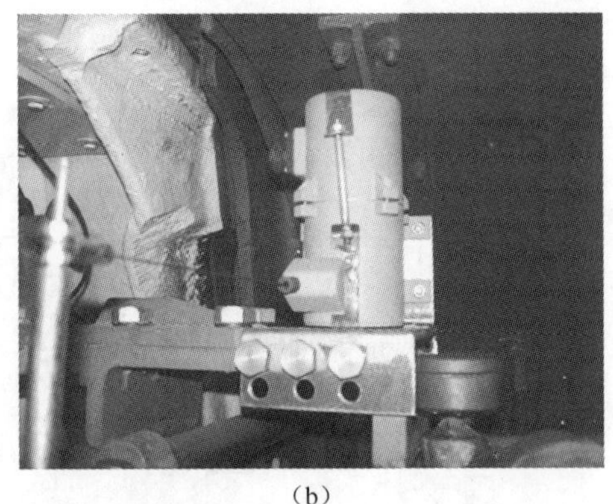
(b)

图 6-3　拉线式位移传感器及其安装

(a) 拉线位移传感器;(b) 拉线位移传感器的安装。

(2) 压力传感器。压力传感器可用来测试火炮制退机和复进机内的液体和气体压力。常用的压力传感器主要有压电式压力传感器与压阻式压力传感器两种:前者频响高、响应快,主要用于高频响动态压力测试;后者则主要用于压力变化较缓慢的压力测试。

两种压力传感器均可用到,测试效果与精度相当,复进机具有较大的初压值,变化量不太大,压电式传感器难以保存该压力值,应用压阻式较方便;制退机内不存在初压值,且压力值变化量大,适合使用压电式压力传感器,以满足高频响动态压力测试。

使用时,压电式压力传感器通过传感器座固定在制退机注液孔处;电阻应变式压力传感器则通过三通固定在复进机开闭器处,如图 6-4 所示。

(a)

(b)

图 6-4　电阻式压力传感器及其安装

(a) 压力传感器;(b) 压力传感器的安装。

6.1.2　数据采集分析系统

数据采集系统如图 6-5 所示,主要用于获取传感器采集的测试数据,为下一步的计算分析进行初步处理。本系统采用 YE6261B 动态数据采集测试仪,该采集仪基于 IEEE1394 接口传输的多功能 16BIT 高速数据采集测试分析仪器。该仪器可通过 IEEE1394 接口直接与计算机的 IEEE1394 接口连接,并与位移、压力等传感器相配套组成测量数据采集/分析系统,完成装备的动态试验数据测试、采集、分析和处理任务。该仪器具有以下显著特点:

(1) 高度稳定的电路设计和仪器结构设计,加以标准总线体系结构,使仪器具有很高的可靠性及可维护性。

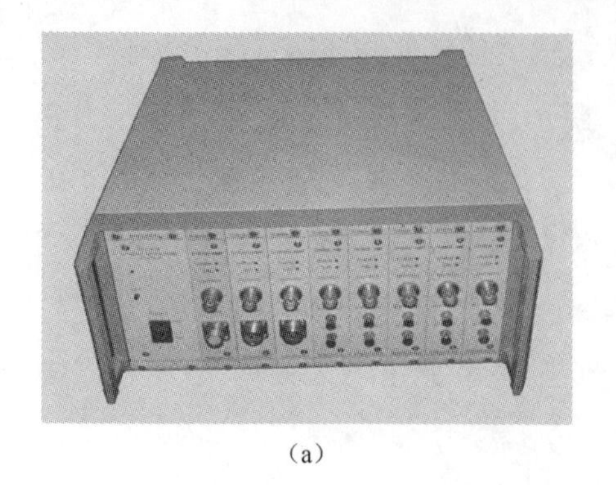

(a)

(b)

图 6-5 数据采集系统

(a) 动态数据采集测仪系;(b) 测试系统。

(2) 优良的硬件、软件模块化特性,使仪器具有灵活的组合功能,方便把仪器应用于实时采集、动态过程监测记录、数字存储示波器等专用测试领域。

(3) 并行多通道数据采集,辅以独特的信号处理机制,容易提取各种波形的数字特征,为测量人员提供快速、准确、可靠的测量结果。

(4) 强大的数据处理能力和数据输出能力(存盘、通信、打印等),方便了用户对测试结果的分析以及分析测试报告的生成。

(5) 灵活的前置调理器配置,适用于多种测试场合的动态数据采集。

数据采集仪工作原理框图如图 6-6 所示。

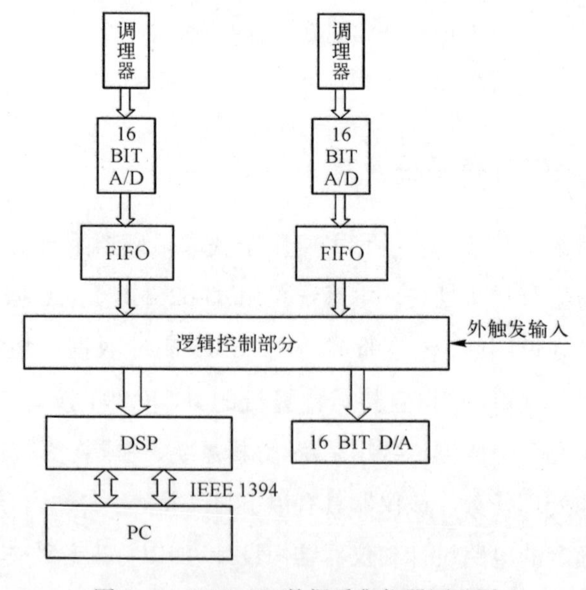

图 6-6 YE6261B 数据采集仪器原理图

采集软件选用与采集仪相配套的 YE7600 动态数据采集软件。该软件采用标准的 Windows 界面,具有良好的人性化交互功能,主要有以下特点:

(1) 具有丰富的多种参数设置功能。

(2) 支持多种文件存储格式。

(3) 支持多种采样方式,具有丰富的时域、频域分析处理功能。

(4) 采用虚拟面板的形式对调理单元自动识别和设置,界面形象,操作简便。

(5) 利用计算机海量存储硬盘,长时间、实时、无间断记录多通道信号。

6.1.3 传感器测试数据预处理

在装备测试领域的测试过程中,很难得到理想的测试数据,测试结果往往包含各种各样的干扰等,如装备或部组件的振动干扰、辐射干扰等。火炮修后水弹试验也是如此,水弹发射过程中振动、冲击波等的影响,必须对采集的测试数据进行处理,尽量消除无用的干扰信号和噪声,提高数据采集分析质量和精度,从而得到更理想、更精确的测试数据。常用的滤波处理方法有均值滤波、高斯滤波、中值滤波及小波变换滤波方法。

小波分析属于时间 - 频率分析,是近年来发展起来的一种新的分析方法,其应用领域十分广泛。它通过伸缩和平移等运算功能对采集的信号进行多角度、大尺度的细化分析,被誉为“数学显微镜”,为有效去除原始信号中的干扰成分与噪声提供了有效手段。

小波变换是傅里叶变换的发展,它解决了傅里叶变换不能解决或解决效果欠佳的众多困难。在小波变换中的变换核既能提供频域投影又能提供窗口作用,如 Daubechies(dbN)小波系、Coiflet(coiN)小波系、Mexican Hat(mexh)小波系等。

Daubechies 函数是由著名的小波分析学者 Inrid Daubechies 构造的小波函数。其构造思路是首先由共轭正交滤波器组出发,设计出符合要求的 $H_0(z)$,然后由 $H_0(z)$ 构造 $\phi(t)$ 和 $\Psi(t)$。$\phi(t)$ 和 $\Psi(t)$ 要有限支撑,且 $\Psi(t)$ 有高的消失矩和高的规则性。

满足要求的 $H_0(z)$ 应该具有以下几方面的特点:

(1) $H_0(z)$ 是 FIR 的,且 $H_0(z)\big|_{z=1}=\sqrt{2}$。

(2) $H_0(z)$在$z=-1$处应有p阶零点,从而保证$\Psi(t)$具有p阶消失矩。假定可作如下分解,即

$$H_0(z)=\sqrt{2}\left(\frac{1+z^{-1}}{2}\right)^p Q(z) \tag{6-1}$$

(3) 式(6-1)中$Q(z)$是辅助函数,要求:

$Q(z)\big|_{z=-1}\neq 0$;$Q(z)\big|_{z=1}=1$;$Q(z)$的系数是实的,即$|Q(e^{j\omega})|=|Q(e^{-j\omega})|$。

由式(6-1)得到

$$|H_0(e^{j\omega})|^2=2\left[\cos^2\frac{\omega}{2}\right]^p |Q(e^{j\omega})|^2=2\left[1-\sin^2\frac{\omega}{2}\right]^p \left|Q\left(\sin^2\frac{\omega}{2}\right)\right|^2 \tag{6-2}$$

令

$$y=\sin^2\frac{\omega}{2}\in[0,1],P(y)=\left|Q\left(\sin^2\frac{\omega}{2}\right)\right|^2 \tag{6-3}$$

这样

$$|H_0(e^{j\omega})|^2=2\,(1-y)^p P(y) \tag{6-4}$$

$$|H_0(e^{j(\omega+\pi)})|^2=2y^p P(1-y) \tag{6-5}$$

将式(6-4)、式(6-5)代入

$$|H_0(\omega)|^2+|H_0(\omega+\pi)|^2=2 \tag{6-6}$$

得到

$$(1-y)^p P(y)+y^p P(1-y)=1 \tag{6-7}$$

式(6-7)称为Bezout方程。Daubechies提出多项式$P(y)$取如下形式满足Bezout方程,即

$$P(y)=\sum_{n=0}^{p-1} C_n^{p-1+n} y^n+y^p R(1-2y) \tag{6-8}$$

式中:$R(y)$为一奇对称多项式,即$R(y)=-R(1-y)$。$R(y)$保证$P(y)\geqslant 0$,$y\in[0,1]$。对$R(y)$的不同选择可构造出不同类型的小波。

在构造db小波系时,Daubechies选择$R(y)=0$,于是,有

$$P(y)=\sum_{n=0}^{p-1} C_n^{p-1+n} y^n \tag{6-9}$$

由式(6-2)、式(6-3)、式(6-9)可以得到

$$\left| Q\left(\sin^2\frac{\omega}{2}\right)\right|^2 = \sum_{n=0}^{p-1} C_n^{p-1+n}\left[\sin^2\frac{\omega}{2}\right]^n \tag{6-10}$$

$$Q(z)Q(z^{-1}) = \sum_{n=0}^{p-1} C_n^{p-1+n}\left[\frac{2-z-z^{-1}}{4}\right]^n \tag{6-11}$$

对于给定的 p,可以求出式(6-11)右边的多项式,其所有的零点应共同属于 $Q(z)$ 和 $Q(z^{-1})$。利用谱分解,将单位圆内的零点赋予 $Q(z)$,将单位圆外的零点赋予 $Q(z^{-1})$,此时,$Q(z)$ 是最小相位的,于是,符合共轭正交条件且有 p 阶消失矩的 $H_0(z)$ 可以求出,从而小波函数 $\Psi(t)$ 和对应的尺度函数 $\phi(t)$ 也可递推求出。

Daubechies 按此方法构造了 $p=2\sim10$ 时对应的共轭正交滤波器 $H_0(z)$ 及 $H_0(z)$ 对应的 $\Psi(t)$ 和 $\phi(t)$。本章依据 Daubechies(db$N$)小波系,使用离散平稳小波变换算法,对测试信号进行了处理,实现了原始信号的信噪分离与干扰成分的剔除,获得了理想的效果。

某自行火炮水弹试验时的复进机压力与后坐位移的原始数据曲线如图 6-7 所示,实际测试数据中包含有许多无用的干扰信号。

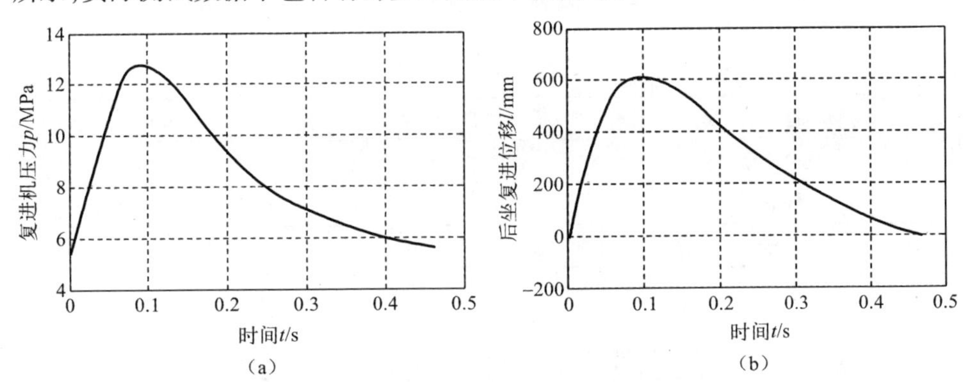

图 6-7　原始数据曲线图

(a) 复进机压力原始数据曲线;(b) 火炮后坐位移原始数据曲线。

经小波降噪处理后,该炮修后水弹试验的复进机压力与火炮后坐位移的数据曲线,如图 6-8 所示,数据曲线较光滑,便于提取最大复进机压力、最大后坐位移、后坐复进时间等特征值。

火炮后坐位移、后坐复进时间测试分析结果如表 6-1 所列。由以上测试可得出以下结论:

(1) 传统测试方法(后坐标尺加秒表法)与设备测试(传感器法)测试值

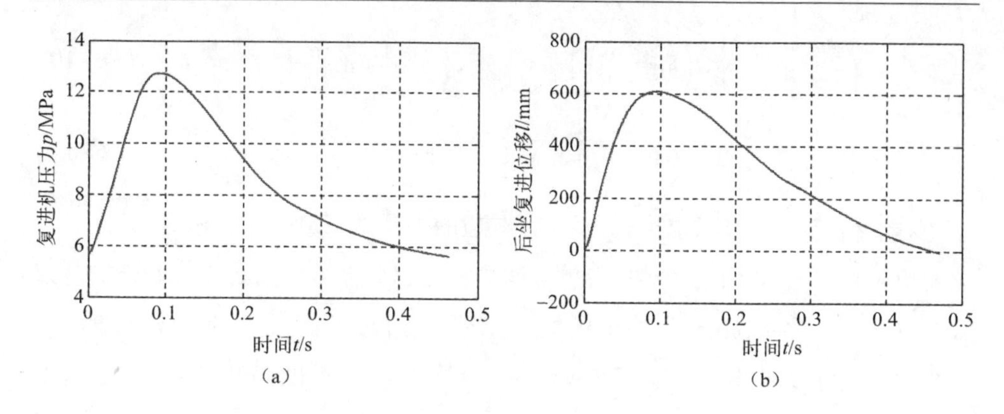

图6-8 小波降噪处理后的数据曲线图

(a) 复进机压力曲线;(b) 后坐复进位移曲线。

比较,火炮后坐位移测试结果基本吻合,人工用秒表测试火炮后坐与复进时间、后坐复进时间误差较大。结果表明,所构建的测试系统工作可靠,测试结果可信。

(2) 火炮修后水弹试验计算与测试结果比较,两者基本吻合,表明建立的数学仿真模型是正确的,运算结果准确。

表6-1 某新型火炮水弹试验测试结果

试验项目	后坐距离/mm	后坐复进总时间/s
理论计算	612	0.43
传统测试	611(后坐标尺)	1.09(秒表)
设备测试	610	0.48

6.2 基于序列图像匹配技术的非接触式测试系统

由于火炮射击的特殊性,火炮运动范围大、运动速度快,且伴随巨大冲击波的作用,测量环境十分恶劣,测试有现实难度。序列图像匹配技术将传统的摄像测量、现代计算机视觉和数字图像处理等学科交叉融合,具有高精度、非接触、大视场和实时动态测量等优势,广泛适用于相对运动物理量的测试,为火炮水弹试验动态测试提供了新的方法与手段,是火炮运动参数测试的较理想方法。

6.2.1 火炮发射高速摄像系统

目前,采集高速运动图像主要有高速摄影、高速摄像和普通摄像加特殊光照 3 种方法。高速摄影是用胶片分析技术来分析图片,无法充分利用计算机技术直接进行分析处理;普通摄像(影)法则在采集速度上受到限制而很难满足测试要求。因此,本书采用了高速摄像系统进行火炮发射视频采集。

1. 火炮摄像系统及原理

目前,高速摄像系统采用的传感器主要有 CCD 图像传感器和 CMOS 图像传感器。因 CMOS 图像传感器具有高速性的特点,拍摄速度可达上万帧每秒,因此这里选择 CMOS 摄像系统完成火炮发射视频采集。

火炮高速摄像系统由高速 CMOS 摄像机、摄像镜头、三脚架、计算机及测试对象组成,如图 6-9 所示。CMOS 摄像机是该系统的核心组件,它主要是借 CMOS 图像传感器技术来得到高质量图像信号,用缓冲存储器来存放当前异端时间的图像信息。相机内部的时钟控制电路负责控制拍摄频率、画幅大小、电子快门频率、图像信息存储及触发方式。拍摄结束后,根据需要将相机存储器中的图像信息数字接口和信号线传送到计算机的存储器中,以便进一步处理分析完成对火炮运动参数的测试。

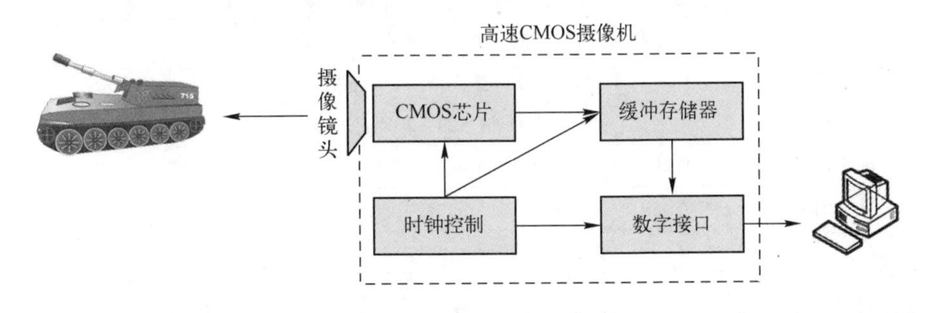

图 6-9 CMOS 摄像系统的构成

2. 系统硬件选取

(1) 火炮高速摄像系统基本参数确定。为了获得满意的火炮运动参数测试结果,如摄像频率、图像分辨率等,摄像系统参数需要确定。

帧频(每秒钟获取的图像幅数)是需要考虑的一个主要参数。由于火炮发射具有高速、瞬时的特点,各测试目标运动过程持续在 0.5 ~4s,如果采用较低的帧频，所采集的图像帧数则很少，达不到运动物体分析的目的；如果采用很高的帧频，其摄像系统造价会很高，而且成像质量有所降低。基于上面的考虑，针对火炮运动参数测试的高速摄像系统帧频在 500 ~ 2000 帧/s 比较适宜，记录时间应该大于 4s。

火炮发射的运动参数是很多的，如火炮后坐复进运动、车体振动、身管振动等，其运动范围总体分布在 150 ~ 1000mm。以测试系统分辨率达到 2mm 的要求为例，则摄像系统所需的像素数（水平方向）为

$$1000/2 = 500$$

再从高速摄像机成本、分辨率与帧频的关系等方面综合考虑，最大分辨率以 400 ~ 1500 像素为宜。

（2）高速摄像机的选取及性能参数。根据上面的高速摄像系统基本参数的确定，这里采用的是美国 TroubleShooter 系列 Ranger HR 型高速摄像机，具体技术参数如表 6-2 所列，其实物如图 6-10 所示。

表 6-2　TroubleShooter HR 主要技术参数

参　数	技 术 指 标
传感器	CMOS，单色（8 位）或彩色（24 位），分辨率最高为 1280 × 1024
拍摄速度	1280 × 1024 分辨率下最高 500 帧/s；640 × 480 分辨率下最高 1000 帧/s
快门速度	最大 20 倍摄像速度可调（1^x、2^x、3^x、4^x、5^x、10^x 和 20^x）
同步	用锁相方式，可以把多个 TroubelShooetr 设定成同步拍摄
存储器	1GB，640 × 480 的分辨率，1000 帧/s 速度可拍摄 8. 7s
触发输入	触点闭合或标准 TTL 信号，3 ~ 30V 直流电
输出接口	USB2 0，Compact Falsh，IRIG – B 等
感光面积	7. 58 × 7. 58mm^2
像元尺寸	（7. 4 × 7. 4）μm
镜头接口	C 接口

（3）配套镜头。根据小孔成像原理 $R_x R_y = 4L^2 I_x I_y / f^2$，则有

$$f = 2L\sqrt{\frac{I_x I_y}{R_x R_y}} \tag{6-12}$$

式中：f——摄像机焦距（mm）；

L——摄像机焦点与采集区域的水平距离（mm）；

R_x、R_y——被拍摄区域的长和宽（mm）；

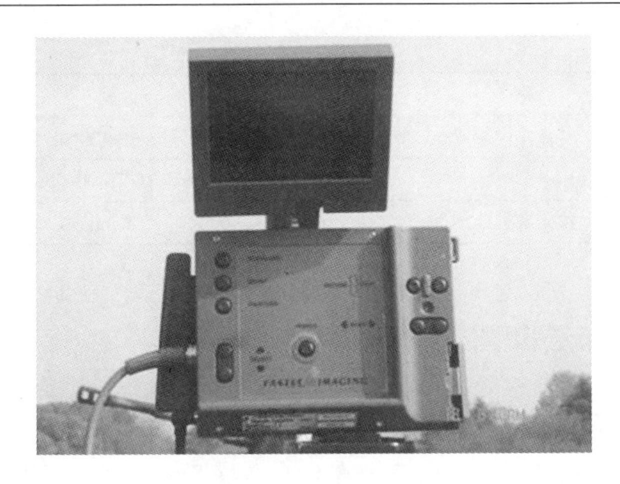

图 6-10　高速摄像机

I_x、I_y——成像平面的长和宽(mm)。

以火炮后坐复进运动参数测试为例,高速摄像机一般放到距目标 10m 以外的安全区域,拍摄区域的面积约为 2000 × 1500mm²,相机的成像面积为 7.58 × 7.58mm²,把数据代入式(6-12),得

$$f = 2L\sqrt{\frac{I_x I_y}{R_x R_y}} = 2 \times 100000\sqrt{\frac{7.58 \times 7.58}{2000 \times 1500}} \approx 86(\mathrm{mm})$$

以此作为镜头焦距的选择依据,本书选用的是日本 Computar 系列 M6Z1212 型变焦镜头,焦距为 28 ~ 90mm。其实物如图 6-11 所示。

图 6-11　摄像镜头

(4) 计算机系统。本测试系统中,计算机要完成对火炮发射视频的保存、处理。由于处理数据量大、运算时间长,因而要求计算机有较高的处理能力、较大的数据运算缓冲空间和较大的存储空间。考虑到性能要求以及系统成本,本系统采用了如表 6-3 所列的 PC 配置,具有稳定的工作性能和较快的数据处理速度,适应批量图像处理分析工作的要求。

表 6-3　PC 机配置单

名　称	参　数
CPU	P42.0 GB
内存	1GB

（续）

名　称	参　数
硬盘	120GB
显卡	ATI X1400(256MB)
操作系统	Windows XP

6.2.2　测试方法步骤

1. 标记与架设高速摄像机

试验在火炮射击靶场进行，要求在具有良好照明的环境下进行拍摄。把高速摄像机固定在三角架上，选择离火炮较远的位置（大于30m）摆放三角架，使得成像视角相对较小。摄像机镜头光轴线对准火炮，垂直于火炮射击平面，调节摄像机的焦距、光圈等，直到在图像显示区出现清晰的被摄区域的图像。为了提高图像目标分辨率，在成像完全包含目标运动范围的基础上，应尽量减小拍摄视场。设置好摄像机的属性，如采集区域大小（640×480）、采集的帧频（1000fps）、曝光时间（5μs）等，并保存。在整个实验过程中高速摄像机的位置保持不变，一次性对焦之后使用焦距锁定功能，保证焦距不变。火炮高速摄像系统架设如图6-12所示。

以某型自行火炮为例，在火炮抽烟装置、摇架上分别缀以鲜明的十字交叉线标记，作为匹配目标，如图6-13所示。

图6-12　摄像系统架设

图6-13　身管、摇架上注以标记

2. 高速摄像机标定

依据上面的原理及方法进行标定，得到方向的标定数据，如表6-4所列。

表 6-4　方向标定数据

序号	实际距离/mm	像素数 N/pix	结果/(mm/pix)
刻线 1	100	23	4.3782
刻线 2	150	37	4.4117
刻线 3	200	47	4.2553
刻线 4	250	59	4.2372
刻线 5	300	71	4.2253
刻线 6	350	83	4.2168
刻线 7	400	97	4.1237
刻线 8	600	142	4.2253
刻线 9	800	190	4.2105
刻线 10	1000	235	4.2553

对表中的数据进行最小二乘拟合,得到 x 方向的分辨率为

$$\tau_x = 4.2551\text{mm/pix}$$

同样地,可以得到 y 方向分辨率 τ_y 为(标定数据略)

$$\tau_y = 4.2551\text{mm/pix}$$

3. 火炮发射视频图像采集

图像的获取是图像分析处理的基础。利用火炮高速摄像系统,可以针对不同的参数测试,完成相应的视频采集。图 6-14 为利用该系统采集的部分火炮发射序列图像。

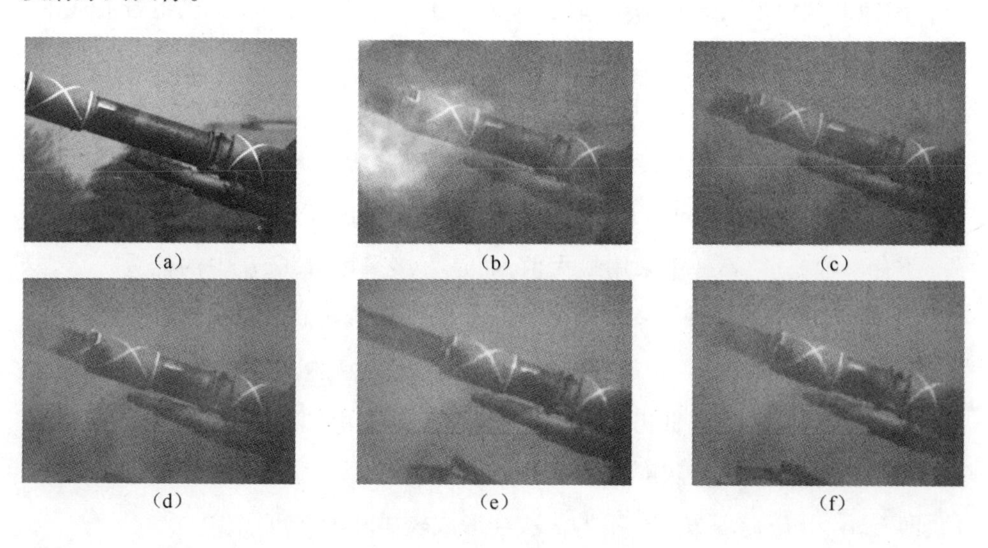

(a)　(b)　(c)　(d)　(e)　(f)

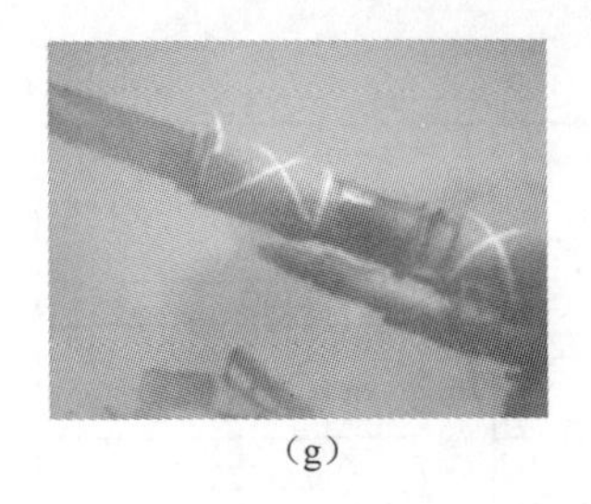
(g)

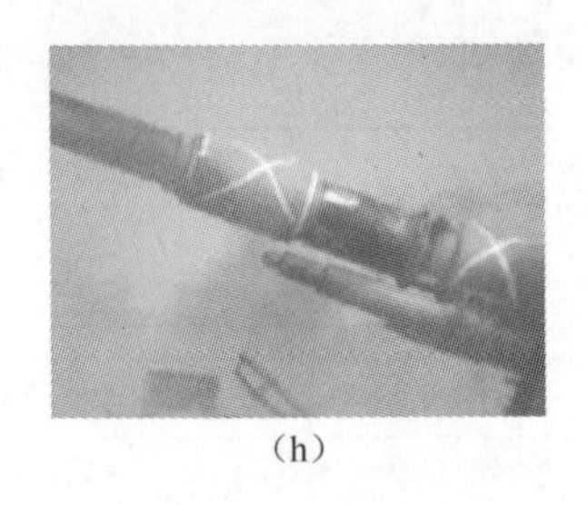
(h)

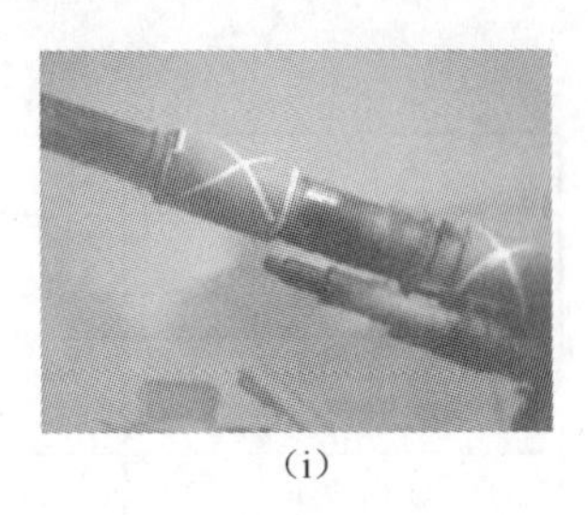
(i)

图 6-14　采集的部分火炮发射图像序列
(a) No. 1;(b) No. 150;(c) No. 200;(d) No. 250;(e) No. 300;
(f) No. 350;(g) No. 400;(h) No. 450;(i) No. 500。

6.2.3　火炮发射视频图像预处理

由图 6-14 可以看出,采集的火炮发射视频图像存在以下不足:一是数字图像成像过程中不可避免地掺杂了噪声;二是受烟雾干扰影响目标清晰度;三是由于光照不均匀导致图像各部分之间明暗程度不一致,或者图像偏暗、偏亮。这些问题都不利于进一步的图像分析,所以必须首先对视频图像进行预处理。

1. 图像的灰度化

采集的火炮发射视频图像都为彩色图像,图像包含信息量大、色彩丰富,但处理速度慢。把彩色图像转换为灰度图像后,可以简化后续图像分析。因此,本书都是在灰度图像的基础上进行图像处理分析。

图像的颜色是由 3 种基本颜色,即红(R)、绿(G)、蓝(B)有机组合而成的。R、G、B 三路色彩都可称为灰度,即红色灰度、绿色灰度、蓝色灰度。灰度化处理的方法主要有以下 3 种:

(1) 最大值法。使灰度图像中的灰度值 Gray 等于原真彩图中的 RGB 值中最大的一个,即 $\text{Gray} = \max(R, G, B)$,最大值法会形成亮度很高的灰度图像。另外,还有一种变形,不一定采用最大值,而是直接采用 R、G、B 中的任意一个,这种方法对于 R、G、B 3 种色彩在图像中所占比例基本相同的情况下,对获得图像的信息量不会有很大影响。但是当图像的三基色比例相差较大时,此时,从三路采集的灰度图像的信息量相差较大。因此,此方法用的较少。

(2) 平均值法。使灰度图像中的 Gray 值等于原真彩图中的 RGB 值的平均值,即 $\text{Gray} = (R + G + B)/3$,平均值法会形成较柔和的灰度图像。

(3) 加权值法。根据重要性或其他指标给 RGB 赋予不同的权值并把 RGB 的值加权，即 Gray = $WR \times R + WG \times G + WB \times B$，其中 WR、WG、WB 分别为 R、G、B 的不同权值。

由于人的视觉系统对彩色色度的感觉和亮度的敏感性是不同的，因此产生了不同的彩色空间表示。本书选择的是 YIQ 彩色空间，其优势是灰度信息和彩色信息是分离的。其中 Y 表示亮度分量，描述灰度信息，I 表示色调，Q 表示饱和度，I 和 Q 分量表示彩色信息。YIQ 色彩坐标系和 RGB 色彩坐标系之间的转换关系为

$$\begin{bmatrix} Y \\ I \\ Q \end{bmatrix} = \begin{bmatrix} 0.299 & 0.587 & 0.114 \\ 0.596 & -0.274 & -0.322 \\ 0.211 & -0.523 & 0.312 \end{bmatrix} \begin{bmatrix} R \\ G \\ B \end{bmatrix} \tag{6-13}$$

用一个像素的 R、G、B 计算出 Y 的值，用亮度 Y 来代表此像素的灰度信息，从而得到灰度级图像。图 6-15 为图像灰度化前后比较图。

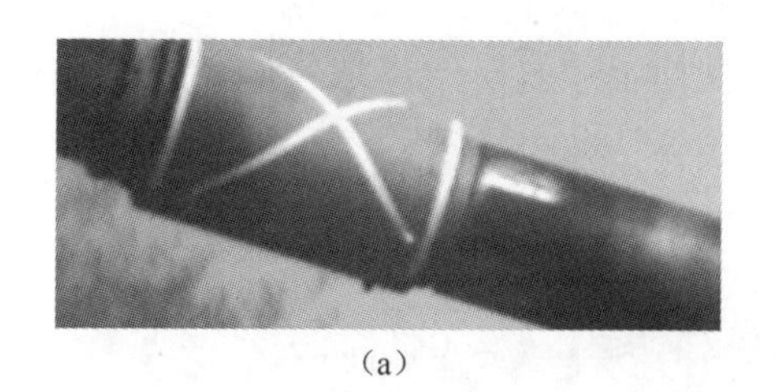
(a)

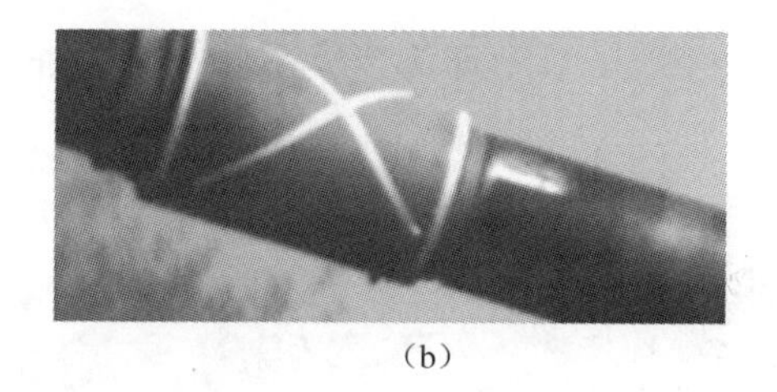
(b)

图 6-15　图像灰度化前后比较图

(a) 彩色图像；(b) 灰度图像。

2. 图像对比度增强

通过对采集的图像序列进行对比度增强，可以有效地改善图像质量。由于灰度图像对比度的大小主要取决于图像的灰度级差，因此，为了改善其对比度过小的灰度图像的识别效果，就需要扩大图像灰度级之间的级差。当前，扩大图像灰度级差的方法较多，但最常用的方法就是直方图增强法。

(1) 图像直方图。图像的灰度统计直方图是一个 1 - D 的离散函数，即

$$p(s_k) = n_k/n, k = 0, 1, \cdots, L-1 \tag{6-14}$$

式中：s_k——图像 $f(x,y)$ 的第 k 级灰度值；

n_k——$f(x,y)$ 中具有灰度值 s_k 的像素的个数；

n——图像的像素总数。

因为$p(s_k)$给出了对s_k出现概率的一个估计,所以直方图提供了原图的灰度值分布情况,也可以说,给出了一幅图所有的灰度值的整体描述,通过修改其形状就可以达到增强图像对比度的效果。这种方法是以概率论为基础的,常用的方法就是直方图均衡化。

(2) 直方图均衡化。直方图均衡化可以扩展像元取值的动态范围,从而达到增强图像整体对比度的效果。假设灰度级为归一化至范围[0,1]内的连续量,并令$P_r(r)$表示某给定图像中灰度级的概率密度函数(PDF),其下标用来区分输入图像和输出图像的PDF。假设输入灰度级执行如下变换,得到输出灰度级为

$$s = T(r) = \int_s^r P_r(\omega)\mathrm{d}\omega \tag{6-15}$$

式中:ω——积分的哑变量。

可以看出,输出灰度级的概率密度函数是均匀的,即

$$P_s(s) = \begin{cases} 1,0 \leqslant s \leqslant 1 \\ 0,其他 \end{cases} \tag{6-16}$$

式(6-15)即为连续图像均衡化处理的变换函数。对于离散化的数字图象,设n表示一幅图像的像素总数,L表示灰度级,n_k表示第k个灰度级r_k出现的频数离散图像直方图均衡化的变换函数,即

$$s_k = T(r_k) = \sum_{j=0}^{k} P_r(r_j) = \sum_{j=0}^{k} \frac{n_j}{n},0 \leqslant r_k \leqslant 1;k = 0,1,2,\cdots,L-1 \tag{6-17}$$

图6-16给出了直方图均衡化的一个实例。图6-16(a)和(b)分别为1幅8bit灰度级的原始图和它的直方图。这里原始图较暗且动态范围较小,反映在直方图上就是其直方图所占据的灰度值范围比较窄且集中在低灰度值一边。图6-16(c)和(d)分别对原始图进行直方图均衡化得到的结果及其对应的直方图。由于直方图均衡化增加了图像灰度动态范围,所以也增加了图像的对比度。

对原图和对比度均衡化后的图像分别进行灰度相关匹配(方法将在下节进行详述)可以检验对比度变化对相关匹配运算的影响。由试验结果图6-17可以看出,均衡化后的图像使得相关系数曲面形状更为尖锐,有利于提高匹配性能。因此,在进行火炮发射图像序列匹配定位之前,对原图进行对比度增强是必要的。

3. 烟雾干扰下的滤波方法

由于火炮发射的特殊性,所拍摄的部分序列图像将受到烟雾干扰。因此,在

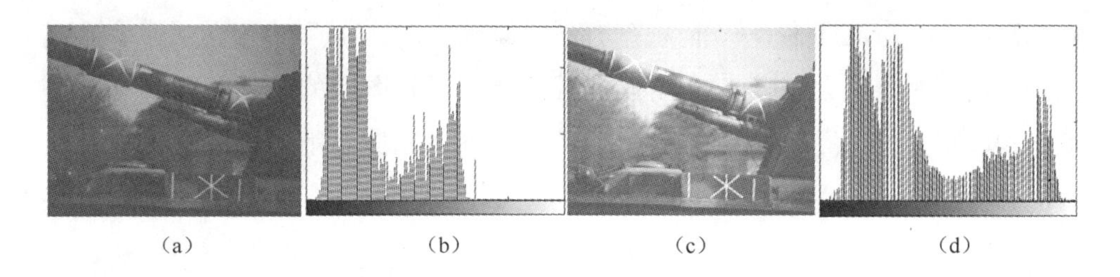

（a）　（b）　（c）　（d）

图6-16　直方图均衡化实例

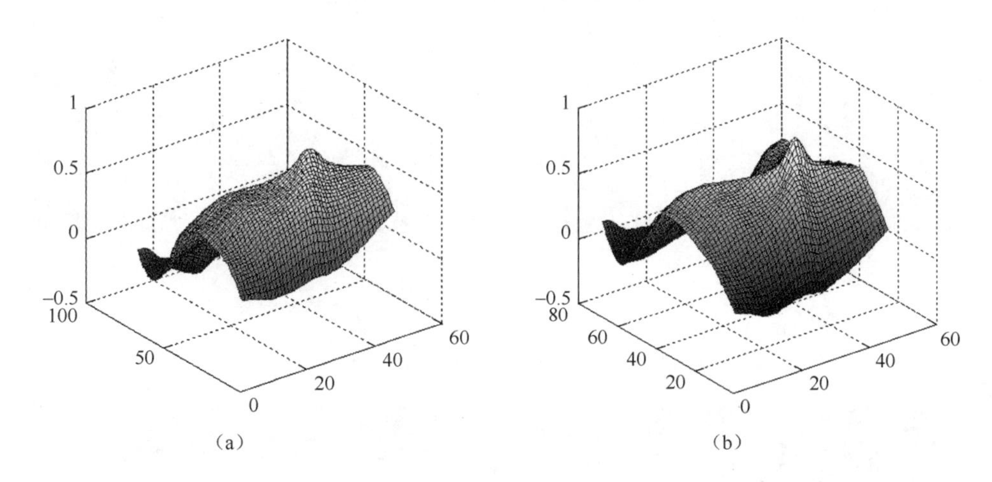

（a）　（b）

图6-17　相关系数曲面比较

（a）原图像相关系数曲面；（b）均衡后图像相关系数曲面。

图像预处理研究中，图像烟雾的减弱的方法对下步的图像匹配将有积极的意义。

（1）烟雾覆盖信息的频谱特性。将图像从空间域转变到频率域，这一般通过傅里叶变换可以实现。傅里叶变换是图像变换的一种，是实现线性系统分析的一个有力的工具。

令 $f(x,y)$ 表示一幅大小为 $M \times N$ 的图像，其中 $x=0,1,\cdots,M-1$ 和 $y=0,1,\cdots,N-1$。f 的二维离散傅里叶变换可表示为

$$F(u,v) = \sum_{x=0}^{M-1}\sum_{y=0}^{N-1} f(x,y)\mathrm{e}^{-\mathrm{j}2\pi(ux/M+vy/N)} \tag{6-18}$$

其中，$u=0,1,\cdots,M-1$；$v=0,1,\cdots,N-1$。频率系统是由 $F(u,v)$ 所张成的坐标系，u 和 v 用做（频率）变量。

图6-18为图像序列中的两帧，图6-18(a)是未受烟雾干扰的图像，图6-18(b)是受到烟雾干扰的图像。对图像做频谱分析可知，如图6-19所示，图像中的烟雾区域在频域里就主要集中在图像的低频部分，而其他的信息集中

在相对高的频率范围中。另外,根据直观图像显示,能直接看出未受烟雾干扰的图像对比度明显偏大。因此,烟雾削弱的实质就是将图像的高亮度区域与图像低频相联系并加以提取去除的过程。基于此,同态滤波是削弱烟雾干扰较为理想的方法。

(a)

(b)

图 6-18　序列图像中的两帧

(a) 未受烟雾干扰;(b) 受烟雾干扰。

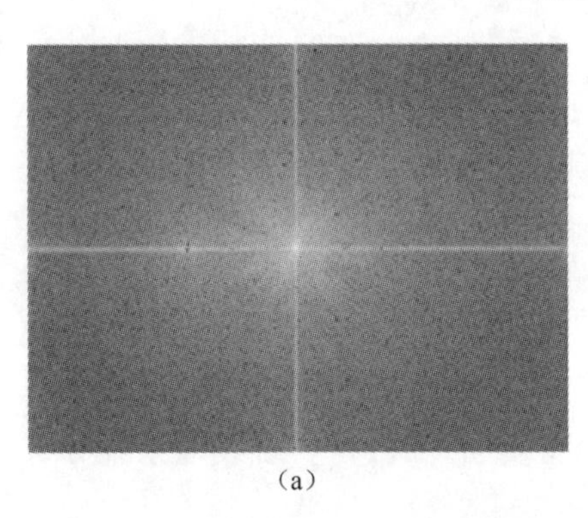

(a)

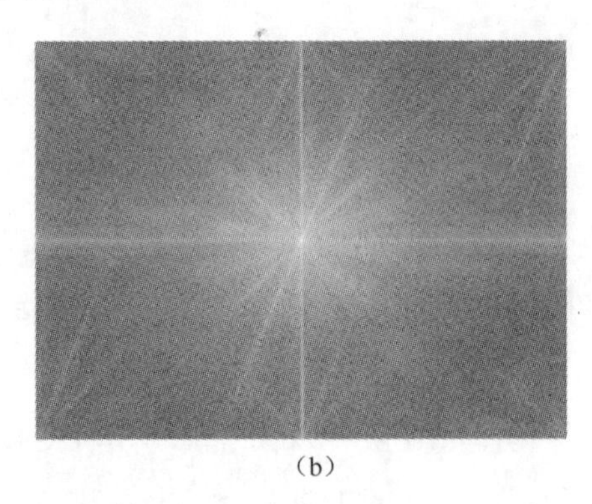

(b)

图 6-19　图像的傅里叶频谱

(a) 图 6-18(a)的傅里叶频谱;(b) 图 6-18(b)的傅里叶频谱。

(2) 同态滤波削弱烟雾干扰的原理。同态滤波是把频率过滤和灰度变换结合起来的一种处理方法。它是根据烟雾覆盖信息在频率域上通常占据低频信息这一特点,将图像变换到频率域,然后去除低频信息,并且对结果进行增强,以增强烟雾覆盖下的背景信息。

首先分析一下烟雾影像的成像机理:

传感器接收的图像信息包含了太阳光经烟雾反射及太阳光经景物反射后再穿透烟雾层这两部分,可以用下式来表示,即

$$f(x,y)=\varphi[L\times r(x,y)]=aL\times r(x,y)+L(1-t(x,y)) \qquad (6-19)$$

式中：$f(x,y)$——传感器接收到的影像；

$r(x,y)$——景物反射率，代表信号；

$t(x,y)$——烟雾的投射率，代表噪声；

L——太阳光强度；

a——太阳光在大气传输过程中的衰减系数；

$r(x,y)$、$t(x,y)$和 a 的数值位于 0～1。

传感器上接收到的图像可以看成是由两个因素决定的：一是诸如烟、雾等的影响；二是地面反射特性的不同。若忽略其他因素，则前者主要是由烟雾引起的。如果假设地面的反射是完全相同的，为了简化模型利于计算，可将地面看成反射相同且全反射的均质体，公式又可写成

$$f(x,y)=f_t(x,y)\times f_r(x,y) \qquad (6-20)$$

式中：$f_t(x,y)$——照射分量；

$f_r(x,y)$——反射分量。

对影像$f(x,y)$取对数，把式(6-20)中的乘性分量变成加性分量，而后再进行傅里叶变换，并加以进一步处理，则有

$$z(x,y)=\ln f(x,y)=\ln f_t(x,y)+\ln f_r(x,y) \qquad (6-21)$$

该式表明，影像亮度值的对数等于照射分量和反射分量的对数和，是一个低频成分的函数与一个高频成分的函数的叠加，因此，可以通过傅里叶变换将它们转换到频域，即

$$F(z(x,y))=F(\ln f(x,y))=F(\ln f_t(x,y))+F(\ln f_r(x,y)) \qquad (6-22)$$

令 $Z(u,v)=F(z(x,y))$，$I(u,v)=F(\ln f_t(x,y))$，$R(y,v)=F(\ln f_r(x,y))$，则有

$$Z(u,v)=I(u,v)+R(u,v) \qquad (6-23)$$

因为烟雾和景物取对数后在频域中占据不同的频带，所以对烟雾削弱主要是设计一个高通滤波器，以去除低频分量。用传递函数为 $H(u,v)$ 的高通滤波器来处理 $Z(u,v)$，提取高频成分，抑制低频成分，从而使占据低频成分的烟雾信息削弱，即

$$H(u,v)Z(u,v)=H(u,v)I(u,v)+H(u,v)R(u,v) \qquad (6-24)$$

再进行傅里叶逆变换，从频率域回到空域，即

$$F^{-1}(H(u,v)Z(u,v)) = F^{-1}(H(u,v)I(u,v)) + F^{-1}(H(u,v)R(u,v)) \tag{6-25}$$

令

$$P(x,y) = F^{-1}(H(u,v)Z(u,v))$$
$$I'(x,y) = F^{-1}(H(u,v)I(u,v))$$
$$R'(x,y) = F^{-1}(H(u,v)R(u,v))$$

则式(6-25)可表示为

$$P(x,y) = I'(x,y) + R'(x,y) \tag{6-26}$$

因为$z(x,y)$是$f(x,y)$的对数,为了得到所要求的滤波图像$g(x,y)$,还要进行一次相反的运算,即

$$g(x,y) = \exp P(x,y) = \exp I'(x,y) \cdot \exp R'(x,y) \tag{6-27}$$

令 $I_0(x,y) = \exp I'(x,y)$,$R_0(x,y) = \exp R'(x,y)$,则有

$$g(x,y) = I_0(x,y) + R_0(x,y) \tag{6-28}$$

式中:$I_0(x,y)$——处理后的照射分量;

$R_0(x,y)$——处理后的反射分量。

由于影像中的低频信息不只有烟雾还有火炮本身的信息,所以在处理烟雾时不可避免地要去掉一部分有用的低频信息。若直接使用高通滤波器,为保证不使有用信息丢失过多,需要过渡带很窄,这无疑给滤波器设计带来困难。解决的办法就是先使用低通滤波器将烟雾分量提取出来,然后从图像中去除该信息,通过选取较小的截止频率达到最大限度保护图像的细节,这样对过渡带的要求可以降低(图6-20)。

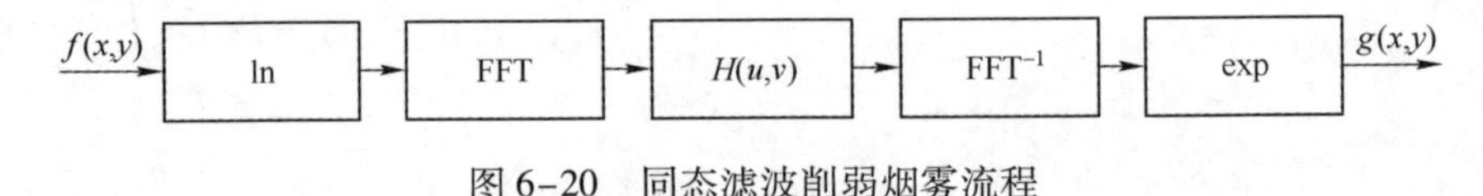

图6-20　同态滤波削弱烟雾流程

为了减少乃至削除振铃效应,滤波器频率响应应具有光滑的、缓慢变化的特性,应用中选用巴特沃斯滤波器,它的特点是无振铃效应,图像模糊程度轻,且滤除噪声的效果好。

n 阶巴特沃斯低通滤波器的传递函数可以由下式表示,即

$$H(u,v) = \frac{1}{1 + K[D(u,v)/D_0]^{2n}} \tag{6-29}$$

式中：D_0——截止频率(Hz)；

$D(u,v)$——从点(u,v)到频率平面的原点的距离(mm)，也就是 $D(u,v) = [u^2+v^2]^{1/2}$；

K——选取是当 $D(u,v)=D_0$ 时，即 $D(u,v)=\frac{\sqrt{2}}{2}$，$K=0.414$。

二维 Butterwotrh 低通滤波器其频率响应如图 6-21 所示，图 6-21(a)为其频率响应图，图 6-21(b)为其剖面图。

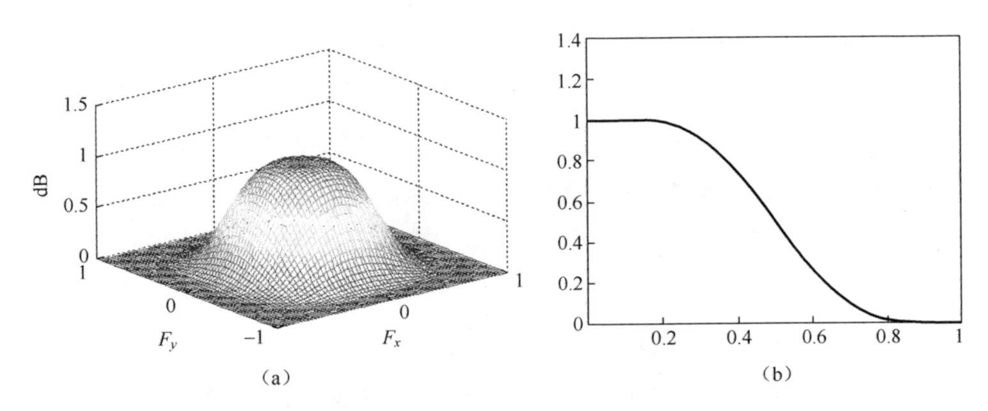

图 6-21　二维 Buttewrorth 低通滤波器频率响应

(a) 二维 Buttewrorth 滤波器；(b) 滤波器剖面图。

下面利用二维 Buttewrorth 低通滤波器(在实验中采用 4 阶的 Butterwotrh 滤波器)进行图像烟雾削弱，其结果如图 6-22 所示。

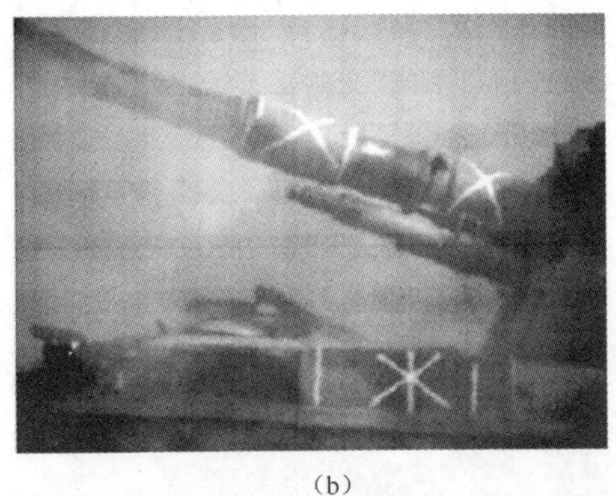

(a)　　(b)

图 6-22　受烟雾干扰图像的处理结果

(a) 受烟雾干扰的原图；(b) 进行处理后的图像。

6.2.4 火炮发射单帧图像匹配技术

实际测试中,在火炮运动部位注以明显的目标标记,计算出每帧图像上这些标记的中心坐标,依据图像坐标和空间坐标的对应关系,可以确定目标标记在世界坐标中位置。通过对整个视频图像序列分析,就可以获取火炮整个发射过程中这些目标标记的位移、速度等情况,即完成了火炮运动参数测试。这一过程实现的关键技术就是图像目标定位。

目前,图像定位的方法很多,总体上可以将其分为两类:一类是通过目标在空间或者时间上的分布信息进行定位,也就是模式识别;另一类就是以匹配为手段的目标定位。为了实现火炮运动目标定位的自动化和大批量图像定位,必须选择一种简单、通用、鲁棒性强的定位方法。匹配定位的方法具有自动化程度高、适应性强和精度高的优点,在许多领域得到了广泛应用。

图像匹配是根据已知图像模式,在另一副图像中寻找相应或相近模式的过程。图 6-23 是一个简单的示意图。

图 6-23 显示出了图像匹配的过程。拍摄得到的基准图 X、模板图 Y 必须经过预处理环节,以减少环境因素对图像的影响。

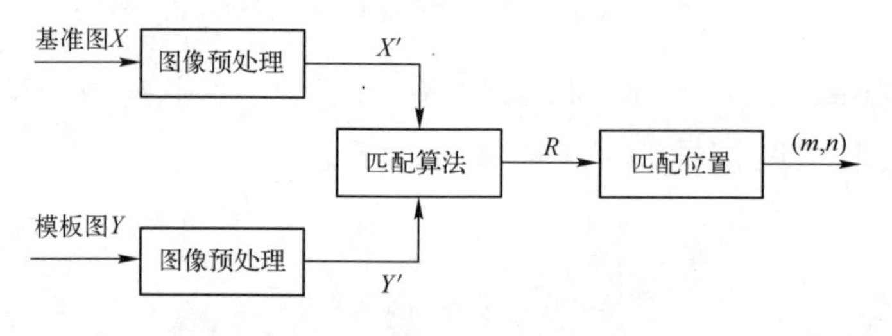

图 6-23　图像匹配流程图

1. 图像匹配关键要素

图像匹配的算法很多,有的是针对某一应用领域,有的则具有一定的通用性,但它们基本上都是由特征空间、相似性度量及搜索策略三要素组合而成的。选用不同的特征空间、相似性度量及搜索策略将直接影响到匹配精度、匹配速度和匹配概率。因此,研究并改进一些关键要素的内容,对于改善匹配性能有积极意义。

(1) 特征空间。特征空间是由参与匹配的图像特征构成的,比较常见的匹配特征有图像灰度特征、统计特征(如矩不变量、质心)、边缘特征、等高线特征、纹理、颜色等。其中,灰度特征在所有的特征空间中具有最大的信息量,因此抗干扰能力、匹配准确性高,但是其数据处理量也相当大。

(2) 相似性度量。相似性度量是指用什么度量来确定待匹配特征之间的相似性,它通常定义为某种代价函数或者是距离函数的形式。经典的相似性度量包括相关函数和 Minkowski 距离,近年来,人们提出了 Hausdorf 距离、互信息作为匹配度量。

(3) 搜索策略。搜索策略是用合适的搜索方法在搜索空间中找出平移、旋转等变换参数的最优估计,使得图像之间经过变换后的相似性最大。搜索策略有穷尽搜索、分层搜索、模拟退火算法、动态规划法、遗传算法和神经网络等。

2. 图像匹配算法分类

图像匹配算法主要可分为两类:基于图像几何特征的匹配和基于图像灰度的匹配。前者是利用空间位置相对不变的景物特征(如边缘、角点等)进行匹配,其优点是计算量较小,但基于目前的特征提取手段只能对几何特征单一且明确的图像有效,而处理复杂图像时往往难尽人意。后者则具有匹配精度高的优点,且可以通过其他算法提高运算速度,本书采用的方法属于后者。

3. 基于图像灰度的常用匹配算法

基于图像灰度的匹配算法是图像匹配中常用的方法,该算法简单,结果精确,利用相关值能够很好地表示两幅图像的相似程度。下面主要研究并比较几种直接基于图像灰度的匹配算法,即序贯相似性检测法、去均值归一化灰度相关法以及基于不变矩的匹配算法,并结合试验分析各算法的特点。

(1) 序贯相似性检测法(SSDA)。该法是山巴尼亚(Barnea)和西尔弗曼(Silverman)在 1972 年最先提出来的。实践表明,它在处理速度上比 FFT 相关算法还要高 1 ~2 个数量级。

如果设 $N \times N$ 基准图为 S,$M \times M$ 模板图为 T,则 S^{ij} 为模板覆盖下的那块搜索子图($1 < i,j < N - M + 1$),$S^{ij}(m,n)$ 和 $T(m,n)$ 分别为子图和模板中位于(m,n)的像素灰度。于是,可得 SSDA 算法的要点如下:

① 定义绝对误差为

$$\varepsilon(i,j,m_k,n_k) = \left| S^{ij}(m_k,n_k) - \overline{S}(i,j) - T(m_k,n_k) + \overline{T} \right| \tag{6-30}$$

其中

$$\bar{S}(i,j)=\frac{1}{M^2}\sum_{m=1}^{M}\sum_{n=1}^{M}S^{ij}(m,n),\bar{T}(i,j)=\frac{1}{M^2}\sum_{m=1}^{M}\sum_{n=1}^{M}T(m,n)$$

② 取不变阈值 T_k。

③ 在子图 $S^{ij}(m,n)$ 中随机选取像点。计算它同 T 中对应点的误差值 ε，然后把这差值同其他点对的差值累加起来，当累加 r 次误差超过 T_k 时，就停止累加，并计下次数 r，定义 SSDA 的检测曲面为

$$I(i,j)=\left\{r\mid \min_{1\leqslant r\leqslant M^2}\left[\sum_{k=1}^{r}\varepsilon(i,j,m_k,n_k)\geqslant T_k\right]\right\} \tag{6-31}$$

④ 把 $I(i,j)$ 值大的 (i,j) 点作为匹配点，因为这点上需要很多次累加才能使总误差 $\sum\varepsilon$ 超过 T_k，如图 6-24 所示。图中给出了在 A、B、C 三参考点上得到的误差累计增长曲线。A、B 反映模板 T 不在匹配点上，这时 $\sum\varepsilon$ 增长很快，超出阈值。曲线 C 中 $\sum\varepsilon$ 增长很慢，很可能是一套准候选点。

尽管 SSDA 算法比 FFT 的相关算法快 1 ~ 2 个数量级，但由图 6-24 可看到它还可进一步改进，即不选用固定阈值，而改用单调增长的阈值序列，使得非匹配点在更少的计算过程中就达到阈值而被丢弃，真匹配点则需更多次计算才达到阈值，如图 6-25 所示。

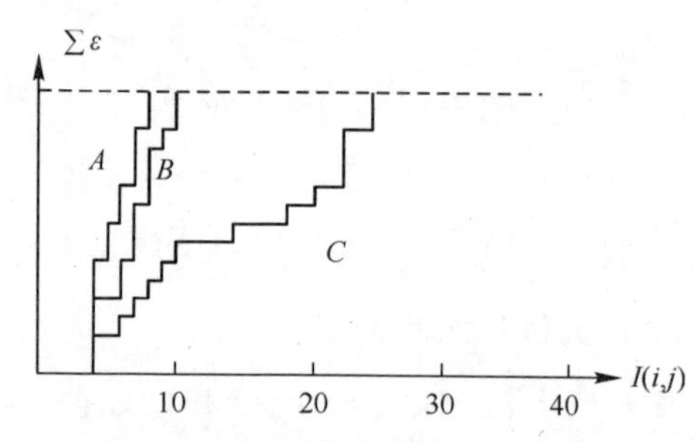

图 6-24　T_k 为常数时的累计误差增长曲线

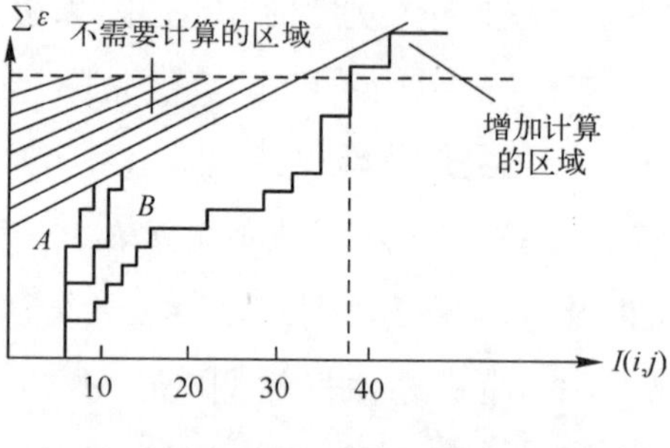

图 6-25　单调增加阈值序列的情形

(2) 去均值归一化相关法(NNPROD)。设 $f(x,y)$ 为一幅大小为 $M\times N$ 的图像(记为 A)，$g(x,y)$ 为一幅 $m\times n$ 的模板图像(记为 B)，根据相关匹配在 A 中找出与 B 相匹配的子块。用 $S_{x,y}$ 表示 A 中以 (x,y) 为左上角点与 B 大小相同的子块同时也表示该子块对应的矩阵，即

$$S_{x,y}(i,j)=f(x+i-1,y+j-1),i=1,2,\cdots,m;j=1,2,\cdots,n \tag{6-32}$$

$\rho(x,y)$ 表示 $S_{x,y}$ 与 B 的相关系数。相关系数算法的原始公式为

$$\rho(x,y)=\frac{\operatorname{cov}(S_{x,y},B)}{\sqrt{D_{x,y}D}} \tag{6-33}$$

式中：$D_{x,y}$——$S_{x,y}$的方差；

D——B 的方差；

$\operatorname{cov}(S_{x,y},B)$——$S_{x,y}$和 B 的协方差。

从而，有

$$D_{x,y}=\frac{1}{mn}\sum_{i=1}^{m}\sum_{j=1}^{n}(S_{x,y}(i,j)-\overline{S_{x,y}})^2 \tag{6-34}$$

$$D=\frac{1}{mn}\sum_{i=1}^{m}\sum_{j=1}^{n}(g(i,j)-\overline{B})^2 \tag{6-35}$$

$$\operatorname{cov}(S_{x,y},B)=\frac{1}{mn}\sum_{i=1}^{m}\sum_{j=1}^{n}(S_{x,y}(i,j)-\overline{S_{x,y}})(g(i,j)-\overline{B}) \tag{6-36}$$

式中：$\overline{S_{x,y}}$、$\overline{B}$——图像 $S_{x,y}$和 B 的灰度均值。

如果$\rho(x,y)$很大或接近 1，则表明图像 B 在(x,y)点与图像 A 匹配。

(3) 不变矩匹配法(IM)。在图像的描述中，图像有 7 个不变的特征矩不变量。这些不变量当比例因子小于 2 和旋转角度不超过 45°的条件下，对于平移、旋转和比例因子的变化都是不变的，所以它们反映了图像的固有特性。因此，两个图像之间的相似性程度可以用它们的 7 个不变矩之间的相似性来描述。这样的算法称为不变矩匹配算法(简称 IM 算法)，显然，在上述指出的条件下，它是不受几何失真影响的。

现在，如果令实时图的不变矩为 $M_i(i=1,2,\cdots,7)$，则两图之间的相似度可以用任一种相关算法来度量。例如，当采用归一化相关算法时，有

$$R(u,v)=\frac{\sum_{i=1}^{7}M_iN_i(u,v)}{\left[\sum_{i=1}^{7}M_i^2\sum_{i=1}^{7}N_i^2(u,v)\right]^{1/2}} \tag{6-37}$$

式中：$R(u,v)$——试验位置(u,v)上的不变矩的相关值。

如前一样，取 $\max(R(\dot{u},\dot{v}))$所对应的试验位置$(\dot{u},\dot{v})$作为匹配点。显然，这种算法在进行相关之前，需要计算 7 个不变矩(预处理的一种形式)。所以，若采用常规的搜索方法，则要求较大的计算量。

4. 匹配结果及分析

为了测试上述 3 种算法的性能，应用 MATLAB 软件编程，并对同一试验数

据进行分析比较。以某型自行火炮发射的部分序列图像作为匹配对象,取目标标记点作为模板,务求通过不同的测试场景和目标物体,对各种算法的性能有一个更可靠的评价。

(1) 匹配时间比较。用图6-26(a)、(b)和(c)所示的3幅大小不同的搜索图像(大小分别为425×223、520×250和520×250)来测试各种算法的匹配时间,对应的模板图像如图6-27(a)、(b)和(c)所示,大小分别为50×50、40×40和40×40。试验结果如表6-5所列。

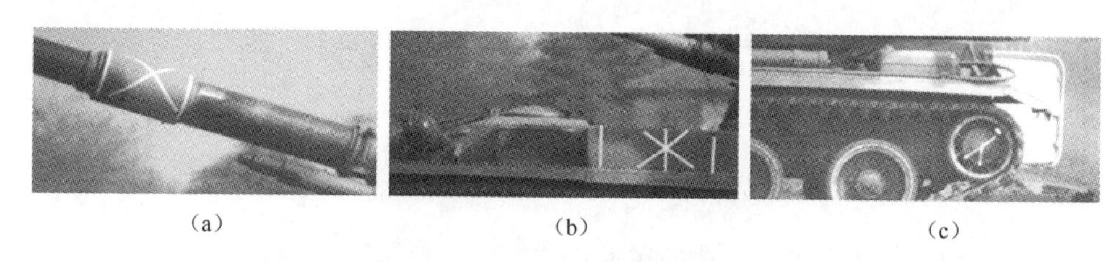

(a) (b) (c)

图6-26 用来测试匹配性能的3幅搜索图原图

表6-5 匹配时间比较

基准图	模板	匹配时间/s		
		序贯相似性检测法	去均值归一化相关法	不变矩匹配法
图6-26(a)	图6-27(a)	0.353	1.250	1.052
图6-26(b)	图6-27 (b)	0.832	2.982	1.098
图6-26(c)	图6-27 (c)	0.756	2.384	1.112

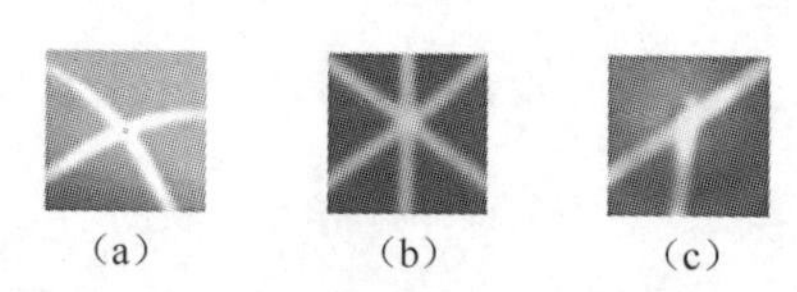

(a) (b) (c)

图6-27 模板图像

表6-5数据显示,序贯相似性检测法(SSDA)算法匹配速度较快,去均值归一化相关法 (NNPROD)、不变矩算法(IM)匹配时间都比较长,不变矩算法匹配速度稍快。

(2) 抗噪声干扰能力比较。对图6-26(c)加入均值为0、方差为0. 1的高斯白噪声,如图6-28所示,以测试在图像存在噪声干扰时各算法的匹配精度,试验结果如表6-6所列。

图 6-28　加入高斯白噪声(0,0.1)的图像

表 6-6　存在噪声干扰时的匹配精度

算法	精确位置	匹配位置	匹配误差
序贯相似性检测法	(156,239)	(152,242)	(-4,3)
去均值归一化相关法	(156,239)	(156,239)	(0,0)
不变矩匹配法	(156,239)	(157,238)	(1,-1)

从匹配结果来看,序贯相似性检测法算法抗噪声能力非常弱,去均值归一化相关法具有良好的抗噪能力,经过多次试验表明,去均值归一化相关法在处理噪声图像匹配基本上不会有误匹配问题,不变矩算法抗噪能力不如去均值归一化相关法,可能出现小范围的匹配位置偏移。

(3) 抗灰度失真性比较。当图 6-26 (b)的对比度、光照发生变化造成灰度失真时,如图 6-29 所示,测试该图像的各种算法的匹配精度。其试验结果如表 6-7所列。

图 6-29　对比度、光照发生变化后的图像

表 6-7　对比度、光照发生变化时的匹配精度

算法	精确位置	匹配位置	匹配误差
序贯相似性检测法	(161,394)	(158,395)	(-3,1)
去均值归一化相关法	(161,394)	(161,394)	(0,0)
不变矩匹配法	(161,394)	(151,379)	(-10,-5)

从表 6-7 数据可看出,对于基准图和模板之间存在一定灰度失真,去均值归一化相关法仍然表现出良好的匹配性能,序贯相似性检测法算法、不变矩算法均受到较大影响。

(4) 抗旋转能力比较。图6-30以身管前部图为例,展示了2°~10°的旋转情况。模板截取于没有发生旋转的原图,从而大概计算出在搜索图像中的目标物体相对于模板图像有微小偏转时,各种算法的匹配概率。试验结果如表6-8所列。

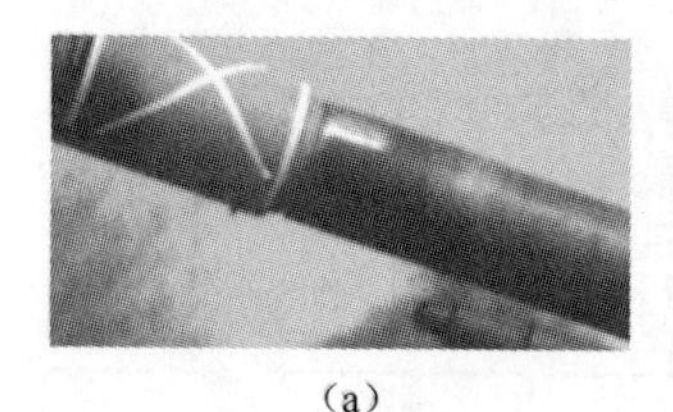
(a)

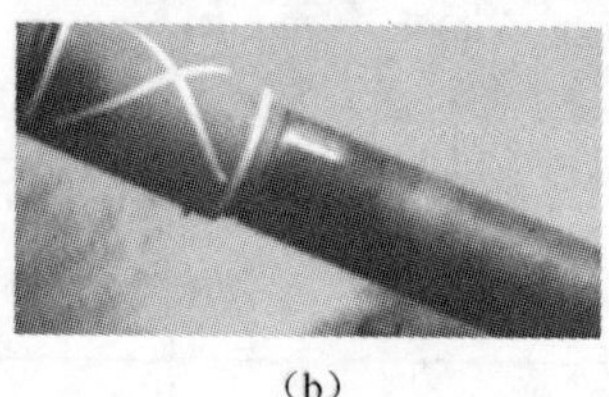
(b)

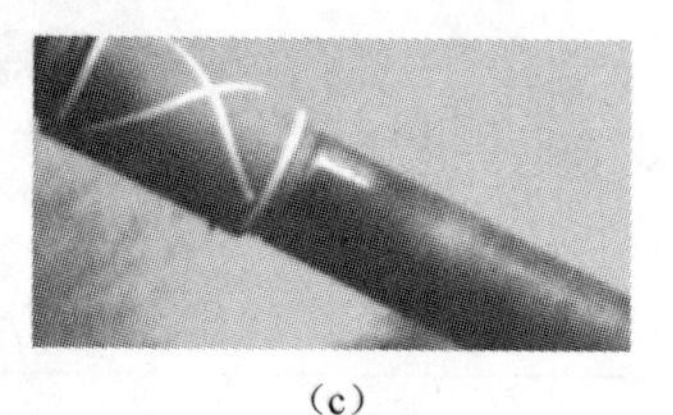
(c)

图6-30 目标物体存在微小偏转

(a) 旋转2°;(b) 旋转6°;(c) 旋转10°。

表6-8 目标物体存在小偏转时的匹配情况

旋转角度/(°)	序贯相似性检测法		去均值归一化相关法		不变矩匹配法	
	匹配位置	误差	匹配位置	误差	匹配位置	误差
2	(15,0)	(-25,-130)	40,129)	(0,-1)	(40,130)	(0,0)
6	(150,32)	(109,-97)	(38,128)	(-2,-2)	(41,129)	(1,-1)
10	(52,110)	(12,-20)	(36,126)	(-4,-4)	(41,127)	(1,-3)

表6-8数据表明,序贯相似性检测法算法在处理目标发生旋转时已无能为力,去均值归一化相关法在角度较小时能够精确匹配,随着角度增加,偏差越来越大。不变矩算法可以很好地适应目标旋转带来的变化,匹配效果良好。

通过上述的一系列匹配试验结果可以发现,这里探讨的每一种算法都有各自的优缺点,去均值归一化相关法匹配精度高,对亮度、对比度等变化不敏感,但是速度太慢,而且当模板和基准图像发生旋转时,匹配误差比较大;序贯相似性检测算法具有一定的鲁棒性,但对发生旋转的图像匹配时也无能为力;不变矩算法对旋转失真具有良好的匹配性能,但对噪声、灰度失真都比较敏感,而且匹配时间较长。结合火炮运动参数测试的特点,精度是首要满足的条件,去均值归一化相关法匹配精度较高,是以后研究并改进的重点。通过改进算法,在满足精度要求的前提下,能够实现抗旋转快速精确匹配。

6.2.5 基于直线特征及模板倾斜修正的图像匹配定位

传统的结构化模板匹配算法,如基于最小均方差的平均平方差匹配算法(MSD)、基于灰度相关的归一化相关匹配算法、基于灰度组合矩阵的归一化灰度组合算法(NIC)等都只能工作在小角度旋转的情况下。在对火炮发射的图像序列进行精确定位中,由于运动目标旋转的因素,传统方法显得无能为力。目前,抗旋转匹配的方法已经不少,如方向码法、不变矩匹配算法、圆投影匹配算法、K－L 变换法等,但它们或多或少都存在一些缺陷,尤其是在类似火炮发射序列图像这种强噪声干扰、灰度对比度变化大等复杂环境下的图像匹配,精确匹配概率较低。针对火炮身管边缘具有明显反应倾斜角的特点,提出了基于直线特征及模板倾斜修正的匹配定位方法。结合火炮发射图像序列分析表明,该方法可以有效地解决存在旋转、灰度对比度变化大、噪声干扰强、强光饱和等情况下的匹配定位问题,匹配精度较高。

1. 问题的提出

在基于高速摄影的火炮反后坐动态测试试验中,所采集到的某型火炮发射图像序列如图 6-31 所示,可以看出,该序列图像灰度对比度变化大、噪声干扰强,而且测试目标存在无缩放的旋转。直接采用传统的匹配方法对运动目标定位,很难满足要求。即使采用不变矩匹配算法、圆投影匹配算法等抗旋转匹配方法,也很难精确匹配,失配情况每每发生。由于身管的边缘具有明显反映目标倾斜角的特点,本书提出了基于直线特征及模板倾斜修正的匹配定位方法。

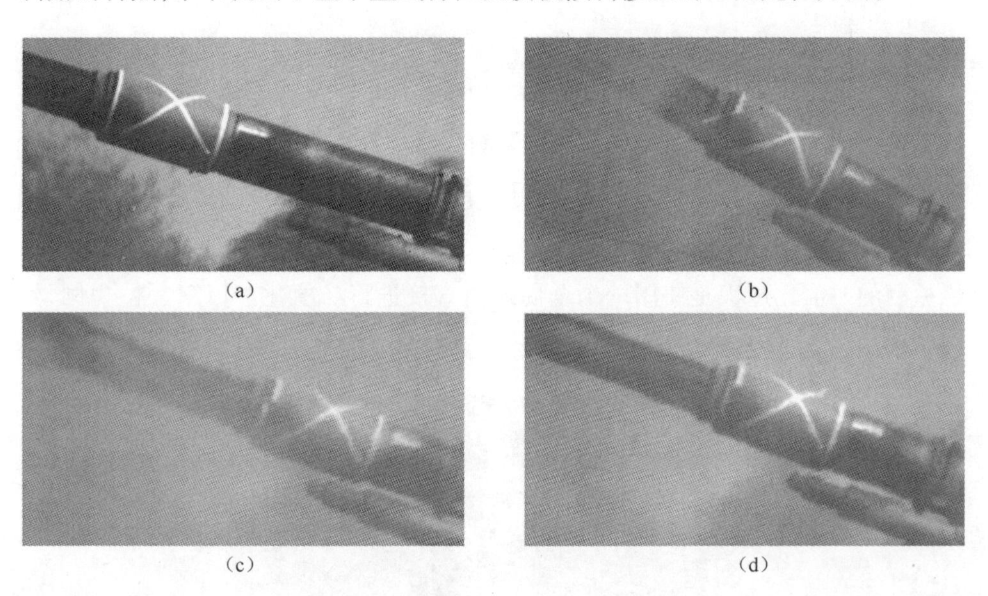

图 6-31　视频序列中部分帧图像

(a) 视频序列第 1 帧;(b) 视频序列第 100 帧;(c) 视频序列第 200 帧;(d) 视频序列第 300 帧。

2. 原理简介

利用火炮身管边缘具有反映出倾斜角的特点,首先进行图像分割,检测身管边缘,使用 Hough 变换提取身管边缘直线,和基准直线比较算出直线旋转角度 α,再把包含模板的基准图部分区域旋转 α 后截取出新模板,使问题回到只有平移的情况,而后进行去均值归一化相关法匹配。实现原理如图 6-32 所示。

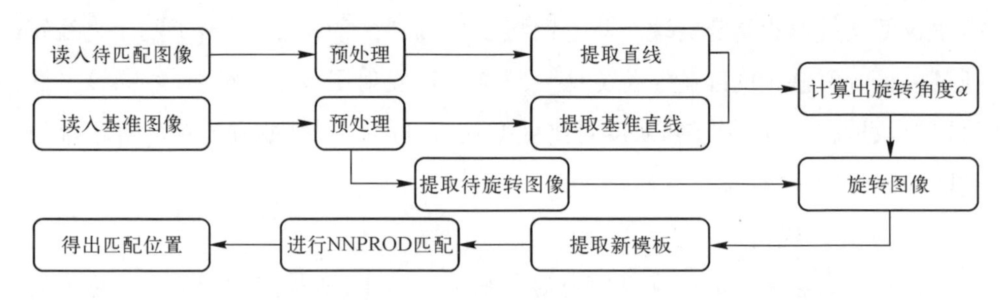

图 6-32　基于直线特征及模板倾斜修正的匹配定位原理图

3. 基于 Hough 变换的身管边缘直线提取

Hough 变换是用来在图像中检测直线的一种方法,该方法因其对有噪声干扰的图像表现出相当好的稳定性和鲁棒性而广泛应用于直线检测。可以通过修改 Canny 算法先检测出身管边缘,再配合 Hough 变换,减小计算量和提高适应性。

(1) Canny 边缘检测。身管的边缘具有较明显的灰度变化,使用 Canny 算子能对其较好地进行检测。标准 Canny 边缘检测分为 4 个步骤:低通滤波去噪、计算各点梯度、边缘细化、使用双阈值进行边缘链接和二值化。考虑到算法的下一步骤是用 Hough 变换估计参数,而 Hough 变换对边缘是否连续并不敏感,因此去掉 Canny 检测中的边缘连接环节,以避免意义不大的搜索,减少计算量。边缘检测的二值化过程是使用一个全局阈值直接进行二值化。以第一帧为例,处理结果如图 6-33 所示。

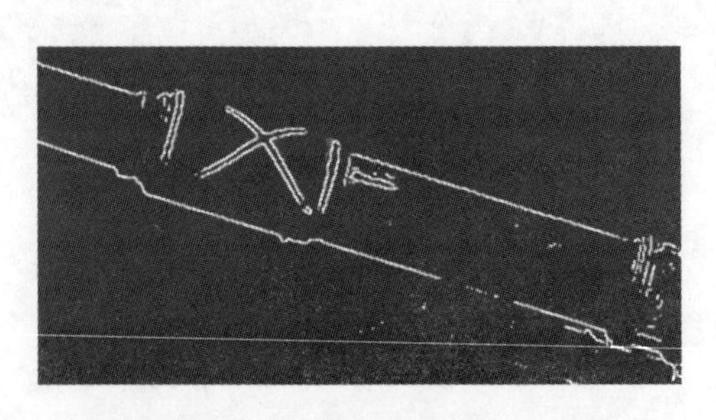

图 6-33　第 1 帧边缘检测效果图

（2）Hough 变换提取直线。Hough 变换主要用于检测二值图中的直线或者曲线，它的方法是把二值图变换到 Hough 参数计算空间（HPCS）。以直线检测为例，平面中任意一条直线可以用两个参数 ρ 和 θ 完全确定下来，其中 ρ 指明了该直线到原点的距离，θ 确定了该直线的方位，其函数关系可表示为

$$f((\rho,\theta),(x,y)) = \rho - x\cos\theta - y\sin\theta = 0 \tag{6-38}$$

由上述方程可以看出，图像中的每一点 (x_i, y_i) 映射到 Hough 空间中的一组累加器 $A(\rho_i, \theta_i)$，满足式（6-38）的每一点，将使对应的所有累加器中的值加 1。如果图像中包含一根直线，则有一个对应的累加器会出现局部最大值；通过检测 Hough 空间中的局部最大值，可以确定与该条直线对应的一对参数 (ρ, θ)，从而把该直线检测出来（图 6-34）。

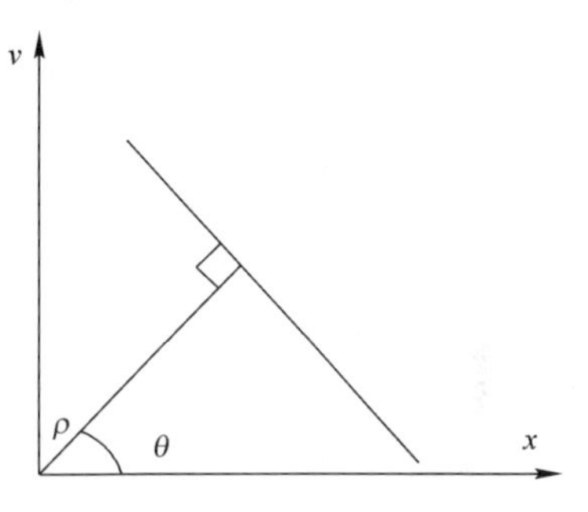

图 6-34　直线与 ρ、θ 关系

在对火炮发射的序列图像分析中，可以根据身管边缘直线的旋转角度范围、边缘直线的长度范围、平行线在一定距离下的取舍等约束条件剔除无关直线，提取出反映倾斜角度的直线。对不同帧图像的直线检测结果如图 6-35 所示。

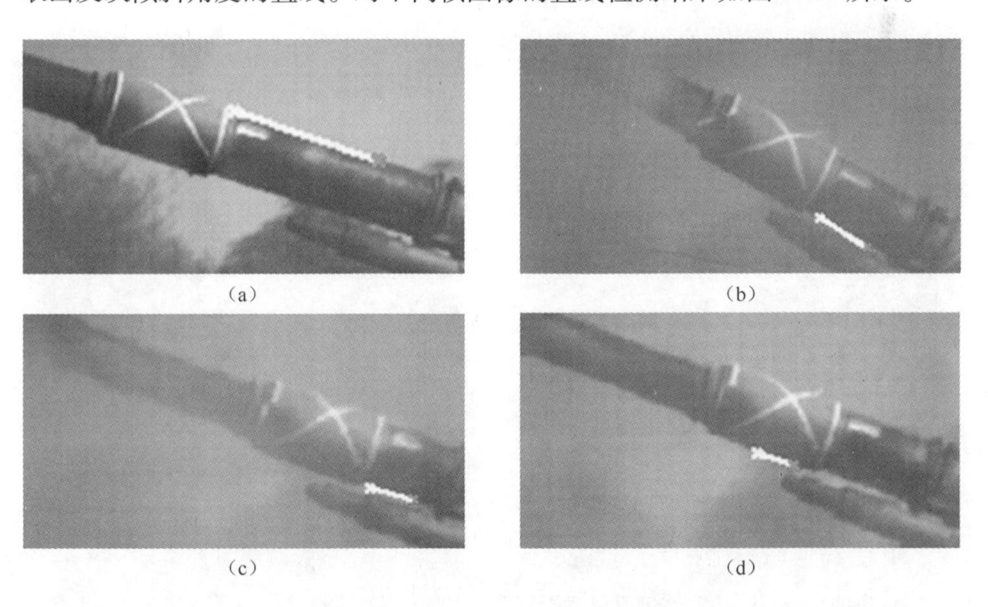

图 6-35　不同帧图像直线检测结果

（a）第 1 帧直线提取；（b）第 100 帧直线提取；（c）第 200 帧直线提取；（d）第 300 帧直线提取。

4. 提取新模板

基于 Hough 变换提取直线后,可以根据直线的斜率分别求出各帧图像待测区域的旋转角度,以图 6-35 的四帧图像为例,求得其相对于基准图的夹角分别为0° 、12.366°、2.7485°和 3.3432°。然后对基准图包含模板的较大区域进行相应角度旋转并截取,得到修正后的模板。

(1) 图像旋转公式。设点(x_0,y_0)绕一个指定的点(a,b)旋转θ后坐标变换为(x_1,y_1),则变换公式为

$$\begin{cases}x_0 = x_1\cos(\theta) + y_1\sin(\theta) - c\cos(\theta) - d\sin(\theta) + a \\ y_0 = -x_1\sin(\theta) + y_1\cos(\theta) + c\sin(\theta) - d\cos(\theta) + b\end{cases} \tag{6-39}$$

为了减少计算量,只需要对基准图图像上部分区域(包含模板)绕定位点(白色线交叉处取一点)进行旋转,从而截取旋转后的新模板。

(2) 灰度插值。在对图像进行变换时可能产生一些非整数位置的点,这时需要用插值运算计算出该点的像素值。常用的插值算法有最近邻插值算法、线性插值算法和高阶插值算法等。最近邻插值计算法方法简单,但插值质量差,效果不理想,出现阶梯状直边界问题。线性插值算法减轻了最近邻插值中出现的阶梯状直边界问题,但图像的灰度损失较大,使插值后的图像变得模糊,图像的细节产生退化。本书使用高阶插值算法,该方法虽计算量较大,但效果较好。

(3) 提取旋转后的新模板。图 6-36 白色线框内区域分别为不同帧提取的新模板,由于都是绕定位点(白色线交叉处取一点)进行旋转,所以在进行图像匹配时,都能准确找出定位点位置。

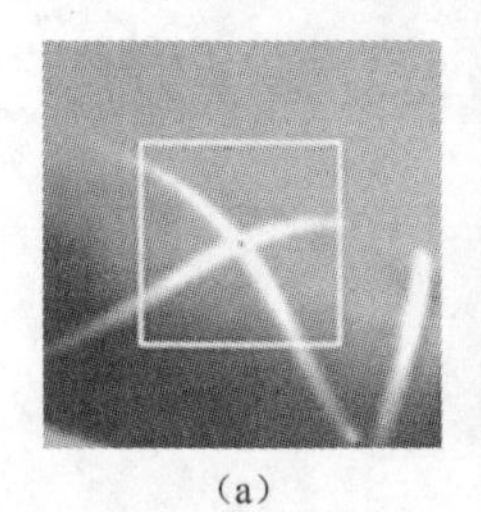
(a)

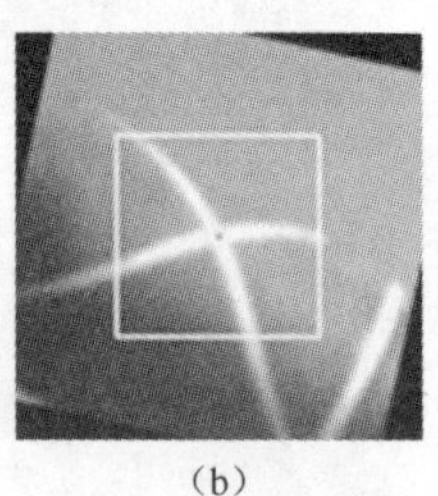
(b)

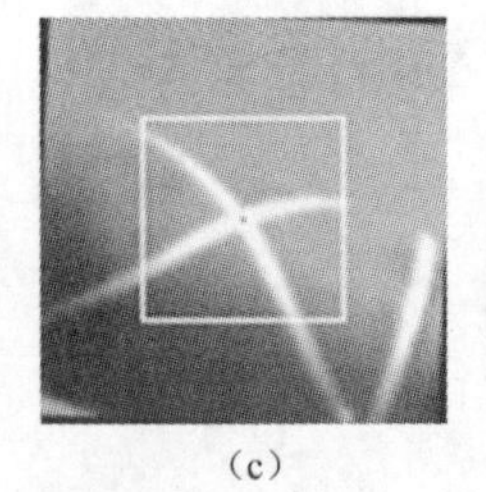
(c)

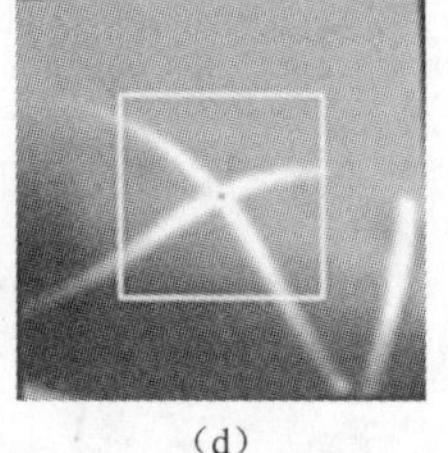
(d)

图 6-36　旋转后的模板提取

5. 去均值归一化相关法匹配

去均值归一化相关法匹配在抗噪性、抗灰度失真性等方面均表现出良好的的匹配性能,且匹配精度高。尽管计算量大,但对于不是实时测试的图像匹配来说,运用该方法较为理想。匹配数学模型如下:

设$f(x,y)$为一幅大小为$M\times N$的图像(记为A),$g(x,y)$是一幅$m\times n$的模板图像(记为B),根据相关匹配在A中找出与B相匹配的子块。用$S_{x,y}$表示A中以(x,y)为左上角点与B大小相同的子块同时也表示该子块对应的矩阵,$\rho(x,y)$表示$S_{x,y}$与B的相关系数。相关系数算法的原始公式为

$$\rho(x,y)=\frac{\text{cov}(S_{x,y},B)}{\sqrt{D_{x,y}D}} \tag{6-40}$$

式中：$D_{x,y}$——$S_{x,y}$的方差；

D——B的方差；

$\text{cov}(S_{x,y},B)$——$S_{x,y}$和B的协方差。

如果$\rho(x,y)$很大或接近1,则表明图像B在(x,y)点与图像A匹配。

图6-37为采用新提取的模板即图6-36白色线框内的模板,运用该算法分别进行匹配的结果。

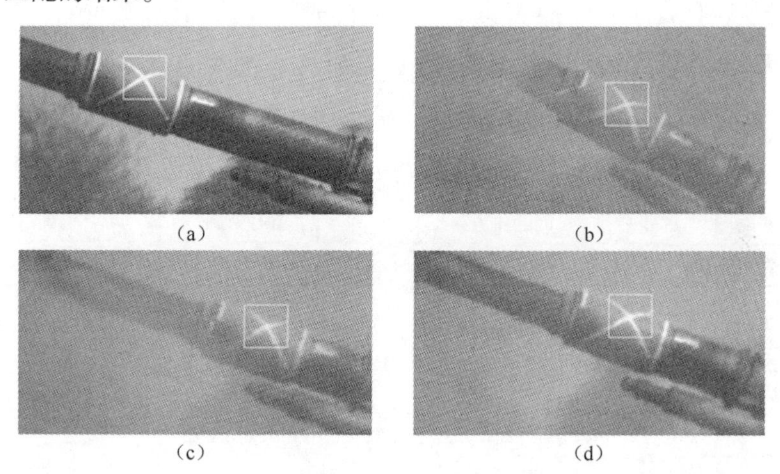

图6-37　匹配结果图

(a) 第1帧匹配结果;(b) 第100帧匹配结果;(c) 第200帧匹配结果;(d) 第300帧匹配结果。

6. 试验结果比较

表6-8为对4幅序列图采用不同方法的匹配结果对比,由于第100帧、第200帧和第300帧图像目标发生旋转,直接采用相关系数匹配误差较大。

对20帧序列图像直接进行归一化相关匹配算法匹配和采用该方法进行匹配的相关系数变化曲线比较如图6-38所示,虚线为采用常规算法计算出的相关系数曲线,实线为采用该方法的相关系数曲线。由图可以看出,直接进行匹配的相关系数值明显偏小,且12帧发生失配。

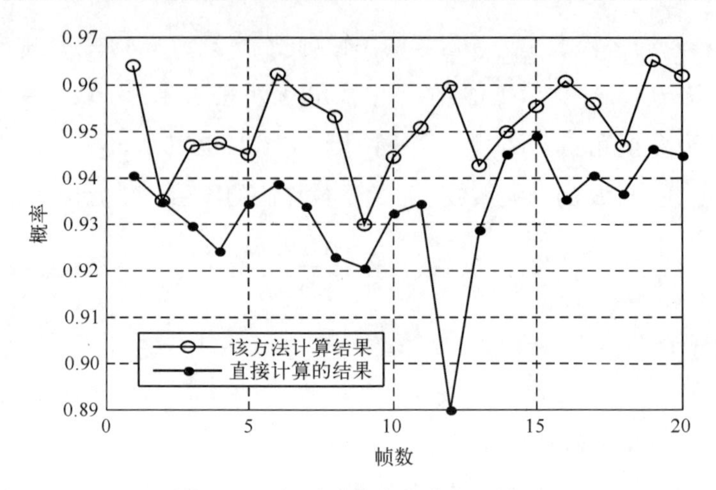

图 6-38 相关系数变化曲线比较图

对表 6-9 和图 6-38 的分析表明,在抗旋转的精确匹配上,采用基于直线特征及模板倾斜修正的相关匹配方法虽然匹配时间较长,但对于匹配实时性要求不高的匹配时,该方法具有明显优势。

表 6-9 匹配结果对比

直接相关匹配结果			
实时图	匹配位置	匹配误差	匹配时间
第 1 帧	(35,126)	(0,0)	平均 0.85s
第 100 帧	(59,229)	(-7,-1)	
第 200 帧	(58,267)	(-9,-4)	
第 300 帧	(54,234)	(-1,-2)	
基于直线特征及模板倾斜修正的相关匹配结果			
实时图	匹配位置	匹配误差	匹配时间
第 1 帧	(35,126)	(0,0)	平均 3.39s
第 100 帧	(66,230)	(0,0)	
第 200 帧	(67,271)	(0,0)	
第 300 帧	(55,236)	(0,0)	

6.2.6 火炮发射单帧图像匹配加速方法

前两节分析表明,去均值归一化相关法和基于直线特征及模板倾斜修正的抗旋转匹配方法虽然匹配精度较高,但都存在计算量大、匹配速度慢的问题,有必要采取一些措施,在满足匹配精度的前提下,减少计算量,提高匹配速度。

通常,匹配算法总的计算量由所采用的相关算法的计算量和搜索位置数来决定,即

总计算量 = 相关算法的计算量 × 搜索位置数

因此,想要提高运算速度,一方面应该改进去均值归一化相关算法以减少计算量,另一方面减少搜索位置。

1. 去均值归一化相关算法的优化

去均值归一化相关算法的数学模型已经在前面给出,对其分析研究可知,该算法需要在已知的 $M \times N$ 个像素的图像中寻找 $m \times n$ 个像素的子图像的匹配位置($M > m, N > n$),运算量非常大,约是$(M-m) \times (N-n) \times m \times n$ 的常数倍。

提高去均值归一化相关算法匹配速度的一种方法是采用一种 $\rho(x,y)$ 的快速算法。由于 $S_{x,y+1}$ 是子图 $S_{x,y}$ 在 A 中右移一列的位置对应的子图,这样 $S_{x,y+1}$ 的前 $n-1$ 列正好是 $S_{x,y}$ 的后 $n-1$ 列,所以在计算 $D_{x,y+1}$ 时可以利用 $D_{x,y}$ 的值以减少计算量。

设 A 为一幅灰度图像,$\overline{S_{x,y}^2}$ 表示图像 $S_{x,y}$ 灰度值平方的均差,故由参考文献得

$$D_{x,y} = \frac{1}{mn}\sum_{i=1}^{m}\sum_{j=1}^{n}(S_{x,y}(i,j) - \overline{S_{x,y}})^2 = \overline{S_{x,y}^2} - \overline{S_{x,y}}^2 \tag{6-41}$$

$$\begin{aligned}
mn\,\overline{S_{x,y+1}} &= \sum_{i=1}^{m}\sum_{j=1}^{n}S_{x,y+1}(i,j) = \sum_{i=x}^{x+m-1}\sum_{j=y}^{y+n-1}f(i,j) \\
&= \sum_{i=x}^{x+m-1}\sum_{j=y}^{y+n-1}f(i,j) + \sum_{i=x}^{x+m-1}[f(i,y+n) - f(i,y)] \\
&= mn\,\overline{S_{x,y}} + \sum_{i=x}^{x+m-1}[f(i,y+n) - f(i,y)]
\end{aligned}$$

设

$$T_1 = \frac{1}{mn}\sum_{i-x}^{x+m-1}[f(i,y+n) - f(i,y)]$$

$$T_2 = \frac{1}{mn}\sum_{i-x}^{x+m-1}[f^2(i,y+n) - f^2(i,y)]$$

$$\widetilde{T}_1 = \frac{1}{mn}\sum_{i-y}^{y+m-1}[f(x+m,i) - f(x,i)]$$

$$\widetilde{T}_2 = \frac{1}{mn}\sum_{i-y}^{y+m-1}[f^2(x+m,i) - f^2(x,i)]$$

从而,有

$$\overline{S_{x,(y+1)}} = \overline{S_{x,y}} + T_1 \tag{6-42}$$

类似地,有

$$\overline{S^2_{x,(y+1)}} = \overline{S^2_{x,y}} + T_2 \tag{6-43}$$

由式(6-41)得

$$D_{x,(y+1)} = \overline{S^2_{x,(y+1)}} - \overline{S_{x,(y+1)}}^2$$

用式(6-42)、式(6-43)代入得

$$\begin{aligned} D_{x,(y+1)} &= \overline{S^2_{x,y}} + T_2 - (\overline{S_{x,y}} + T_1)^2 \\ &= \overline{S^2} - \overline{S^2_{x,y}} + T_2 - T_1^2 - 2T_1\overline{S_{x,y}} \\ &= D_{x,y} + T_2 - T_1^2 - 2T_1\overline{S_{x,y}} \end{aligned} \tag{6-44}$$

同理可得

$$D_{(x+1),y} = D_{x,y} + \widetilde{T}_2 - \widetilde{T}_1 - 2\widetilde{T}_1\overline{S_{x,y}} \tag{6-45}$$

根据式(6-44)、式(6-45)的递推关系,就可以减少运算量,另外,可再运用快速搜索方案来提高运算速度。具体方案如下:

如果子块 $S_{x,y}$ 与图像 B 相匹配,则它们的方差一定接近,所以引入相对误差

$$K = \frac{|D - D_{x,y}|}{D} \tag{6-46}$$

当 $K > \varepsilon$ 时就不用计算 $\rho(x,y)$,而去搜索下一个点,否则,就计算 $\rho(x,y)$,搜索完所有的点($x = 1,2,\cdots,M-m; y = 1,2,\cdots,M-n$),使 $\rho(x,y)$ 最大的点即为匹配位置。

上面的优化过程主要是通过构造一个迭代算法,避免了在搜索过程中大量的重复运算,从而提高了匹配速度。

2. 小波图像分解的分层搜索策略

对于减少搜索空间,分层搜索是一种有效的方法。首先利用小波变换的多分辨率特性将图像分解到 N 层上,然后利用优化的去均值归一化相关算法进行由粗到细的匹配,每次利用下一层的匹配结果在上一层进行小范围搜索,以减少计算量。

利用小波进行图像分解其实质是二维滤波和二抽取的过程。由多尺度分析理论可知,图像的多尺度分析可用下面一组快速分解公式描述,即

$$s^j_{i,k} = \sum_{n,m} h(n-2i)h(m-2k)s^{j-1}_{n,m} \tag{6-47}$$

$$\alpha^j_{i,k} = \sum_{n,m} g(n-2i)h(m-2k)s^{j-1}_{n,m} \tag{6-48}$$

$$\beta^j_{i,k} = \sum_{n,m} h(n-2i)g(m-2k)s^{j-1}_{n,m} \tag{6-49}$$

$$\gamma^j_{i,k} = \sum_{n,m} g(n-2i)g(m-2k)s^{j-1}_{n,m} \tag{6-50}$$

式中:j——尺度空间;

h、g——低通和高通滤波器;

s——概貌信号,它包含了图像的大部分信息;

α——水平细节信号,图像的边缘得到增强;

β——垂直细节信号,图像的垂直边缘得到增强;

γ——对角线细节信号,图像的边缘得到增强。

原始图像作为初始概貌图像分别在水平方向和垂直方向进行低通滤波并二抽取后得到第一层的小波分解图像 LL,在水平方向上进行低通滤波后在垂直方向上进行高通滤波得到垂直细节图像 LH,在垂直方向上进行低通滤波后在水平方向上进行高通滤波得到水平细节图像 HL,分别在水平方向和垂直方向上进行高通滤波得到对角线细节图像 HH,它们的大小是原来图像的 1/4。每次概貌图像 LL 被用于产生下一层的 4 种图像,依此类推,便得到了多层分解图像。图 6-39 表示二维图像二级小波的分解过程。

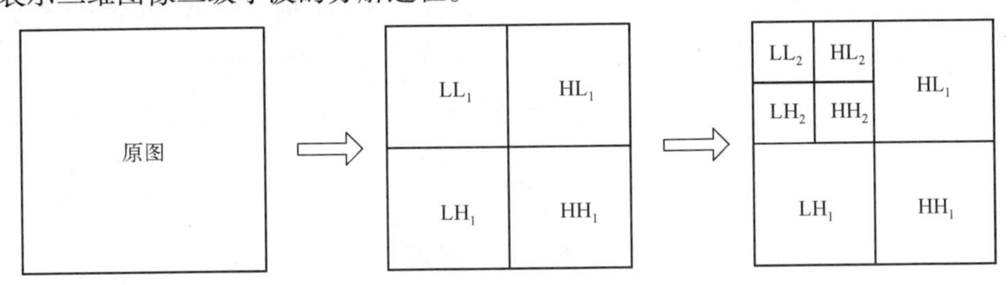

图 6-39　二维图像的二级小波分解

图 6-40 是采集的某一帧图像的三级分解图,可以看出,分解后的图像大小为原图大小的 1/32,在此基础上进行匹配定位,搜索空间将大大减小。

对于图像多分辨率的分层匹配,则只需分解而无需重构,且只利用了图像分解的低频概貌信号,并没有利用三个细节信号,所以每次分解时只需计算式(6-48),这样图像分解的计算量就又少了 3/4,即只需利用滤波器 h,按照式(6-48)对图像分别进行列向和行向滤波即可完成图像的多分辨率分层任务。

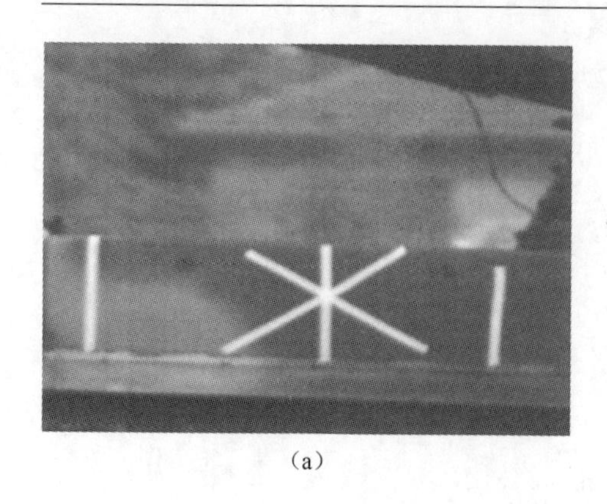
(a)

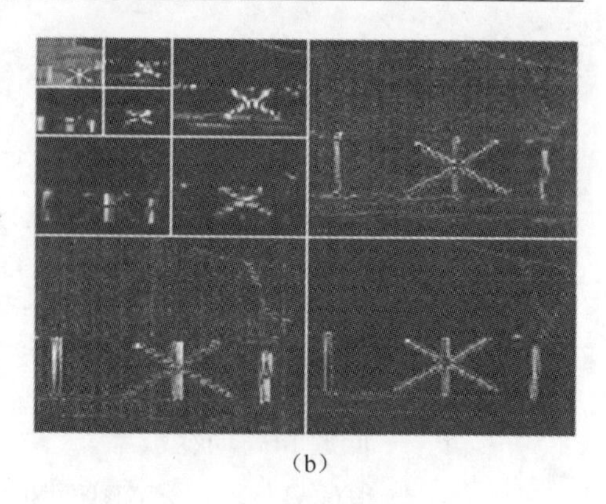
(b)

图 6-40　图像的三级分解图

(a) 原图;(b) 分解后的图像信息。

(1) 匹配思路。最基本的思想是首先利用小波的多分辨率特性将模板和基准图像分解到 N 层上,并且只保留 LL 低频部分,然后利用改进的去均值归一化相关法作为相似性度量,进行由粗到细的相关匹配,每次利用下一层的匹配结果在上层小范围内搜索。

(2) 匹配流程。图像分层以后,就可以在各层进行由粗到细的去均值归一化相关匹配了。如图 6-41 所示,先在分层的最下层找到实时图的大致位置 (r,c),据此推算出在上一层的位置为 $(2r,2c)$,然后在以 $(2r,2c)$ 为中心的一个 $s\times s$ 的小范围内搜寻相似度最大的位置,s 的大小取决于最下层的匹配精度。依此类推,在后续的各层中寻找相关值最大的位置,直到最上一层。

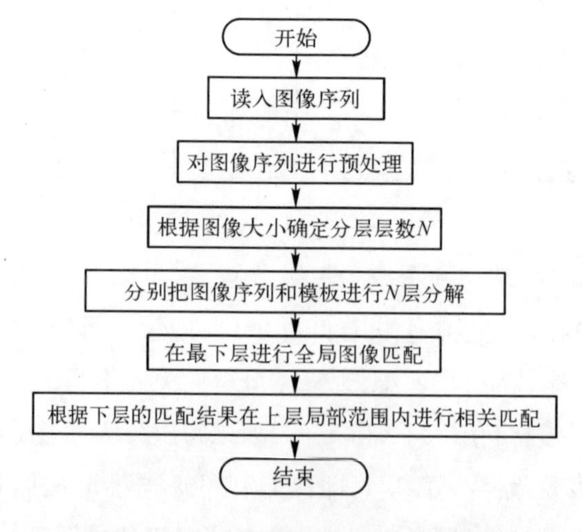

图 6-41　小波多分辨率分层匹配流程图

(3) 注意要点。

① 鉴于小波分解保留原始图像有用信息的能力和分解速度的要求,本书选择了 Daubechies 小波进行图像分解。

② 在算法的下层匹配误差较大,随着层数的提高匹配误差迅速减小。所以局部搜索范围不应该是固定不变的,而是由下层到上层逐渐减少。设各层的层序数为 1,则除了最低层以外,各层的搜索范围 $s_l = 2l + 1$。

③ 随着分层层数的增加,匹配时间迅速减小,而匹配概率会降低,因此应该选择一个适当的分层层数。根据采集的火炮发射图像大小尺寸和匹配准确性的要求,分层层数一般不大于 3 为宜。

3. 试验结果及分析

下面仍用图 6-35(a)、(b)和(c)所示的 3 幅大小不同的搜索图像来测试各种算法的匹配时间,所用模板分别对应图 6-36(a)、(b)和(c)。试验结果如表 6-10 所列。

表 6-10　匹配时间比较

基准图	模板	匹配时间		
		NNPROD	NNPROD 优化算法	NNPROD 优化算法 + 分层搜索
图 6-35(a)	图 6-36(a)	1.251	1.002	0.221
图 6-35(b)	图 6-36(b)	2.983	2.212	0.442
图 6-35(c)	图 6-36(c)	2.382	1.823	0.307

从表 6-10 中数据可以分析出,通过 NNPROD 算法的优化和采用小波图像分解的分层搜索策略,可以大大减少计算量,缩短匹配时间。

对于小波图像分解的分层搜索匹配策略,同样也存在一些不足。由于在图像分解中,不可避免地丢失部分图像特征,增加了错误匹配的概率,因此,该搜索策略不适用于图像清晰度不高、图像噪声干扰大、灰度严重失真等情况下的精确匹配。

6.2.7 亚像素相关匹配技术

上述各种匹配算法的匹配定位结果只能是像素的整数倍,因此其精度只能达到像素级。为提高测试精度,可采取提高 CMOS 的分辨率、采用放大倍数较高的光学成像系统和运用各种亚像素技术等办法来提高精度。但前两种方法的可行性不强,因为 CMOS 的分辨率是有限的,通过提高硬件分辨率来提高精度的代价也是相当昂贵的。而采用放大倍数较高的光学成像系统会相应地减小可测量的面积。因此,采用亚像素技术提高精度较为理想。目前,基于亚像素技术的图像相关匹配定位方法主要有插值算法和曲面拟合法。

1. 亚像素插值算法

在整像素位移搜索时,通常是以一个像素或像素的整数倍为步长来移动模板的中心位置,并计算各个位置上的相关系数,找到最大相关系数的位置来获得位移信息。同理,如果将步长改为 0.01 个像素,就能得到 0.01 个像素级的搜索精度。

因此,首先需要做的就是得出每 0.01 像素上的灰度值。这就需要对离散灰度进行插值运算。一般来说,灰度插值方法有简单的双线性插值(Bilinear Interpolation),为提高精度还可选择拉格朗日插值和双三次样条插值(Bicubic Spline Interpolation),甚至于 5 次样条插值。如果能对目标图像进行理想插值(重建),那么,理论上的定位精度应取决于步长的大小,但是由于图像中各种噪声及插值算法误差的影响,当步长小到一定程度后,得到的定位精度是没有意义的。试验表明,步长取 0.01 个像素即可。在理想情况下,这种亚像素定位精度为 0.02 ~ 0.1 个像素。

该方法的计算量大(虽然采用一些快速相关搜索方法可在一定程度上减小计算量),但是效果并不理想。又因为通过灰度插值方法重构近似连续的图像与真实情况有很大差别,且由于各种噪声影响其获得的精度有限,实际上该方法现已很少采用。

2. 亚像素曲面拟合法

曲面拟合法求解亚像素位移是数字图像相关亚像素定位中的一种重要方法,它具有抗噪声能力较强、精度高、计算效率高等优点,在实际应用中多被采用。常用的曲面拟合方法有高斯函数拟合和二次多项式拟合。对于相关系数曲面较平缓的情况,高斯拟合不仅需要较大的拟合窗口,而且可能产生较大的误差,因此实际中多采用二元二次多项式来拟合相关函数曲面。对整像素位移搜索到的(x',y')周围各点的相关系数(图 6-42),都可用下面的二元二次函数表示,即

$$C(x_i, y_j) = a_0 + a_1 x_i + a_2 y_j + a_3 x_i^2 + a_4 x_i y_j + a_5 y_j^2 \tag{6-51}$$

对于 $n \times n$（n 通常取 3、4 或 5）的拟合窗口就有 $n \times n$ 个式(6-41)，因此可以用最小二乘法来求解二次曲面的待定系数 $a_0, a_1, \cdots, a_5$。函数 $C(x,y)$ 在拟合曲面的极值点应满足以下方程组，即

$$\frac{\partial C(x,y)}{\partial x} = a_1 + 2a_3 x + a_4 y = 0 \tag{6-52}$$

$$\frac{\partial C(x,y)}{\partial y} = a_2 + 2a_5 y + a_4 x = 0 \tag{6-53}$$

图 6-42　整像素位移搜索结果

于是，由式(6-52)、式(6-53)就可求出拟合曲面的极值点位置，即

$$\begin{cases} x = \dfrac{2a_1 a_5 - a_2 a_4}{a_4^2 - 4a_3 a_5} \\ y = \dfrac{2a_2 a_3 - a_1 a_4}{a_4^2 - 4a_3 a_5} \end{cases} \tag{6-54}$$

3. 试验结果及分析

下面用所采集的序列图像中的某 4 帧（图 6-43）分别与一固定模板（图 6-44）在整像素级和亚像素级上进行匹配，其匹配数据如表 6-11 所列。

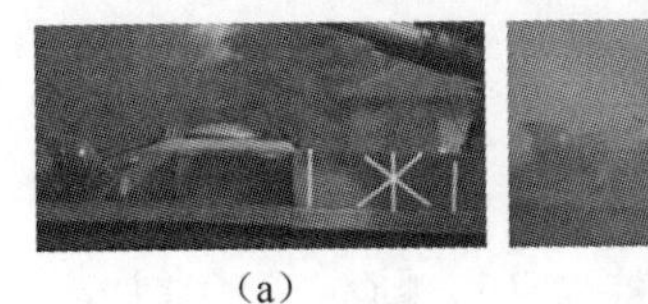
(a)
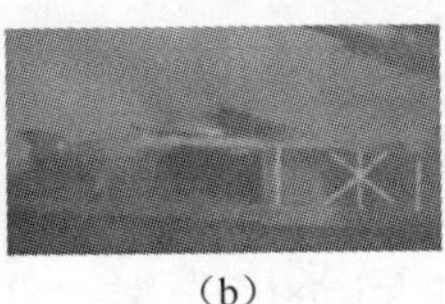
(b)
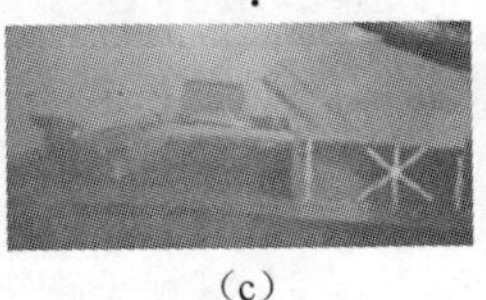
(c)
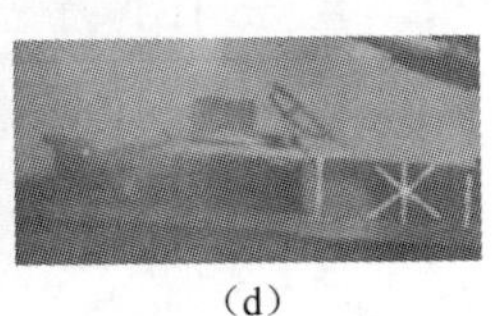
(d)

图 6-43　视频序列中某四帧图像

图 6-44　模板

表 6-11　匹配数据对比

匹配方法	匹配结果			
	第 1 帧	第 2 帧	第 3 帧	第 4 帧
整像素	(161,394)	(161,396)	(162,398)	(162,399)
亚像素	(161.00,394.00)	(159.82,396.03)	(161.75,398.23)	(162.01,398.87)

由表6-11可知,采用亚像素相关匹配定位技术将有效地提高匹配精度,且计算简单,有利于提高火炮发射运动参数测试的准确性。

6.2.8 火炮发射序列图像匹配定位

火炮发射图像序列包含着测试目标的运动信息,通过对其目标匹配定位,就可以求取测试目标位移、速度及加速度等,从而完成火炮运动参数的测试。本节主要对整个火炮发射图像序列进行匹配定位的理论和方法进行研究。

1. 火炮发射图像序列描述

火炮发射图像序列又称火炮发射视频序列或火炮发射动态图像,它是利用火炮高速摄像系统采集的一组随时间变化的图像。不同时刻,采集的二帧或多帧图像中包含了存在于相机与火炮之间的相对运动信息,这些信息表现为图像帧之间的灰度变化或火炮测试部位、标记的位置、速度等属性的变化。图像序列的一般表达式可以写成

$$\{f(x_i,y_i,t_0),f(x_i,y_i,t_1),\cdots,f(x_i,y_i,t_{n-1})\},i,j=0,1,\cdots,n-1 \quad (6-55)$$

相邻两图像获取的时间间隔定义为

$$\Delta t=t_k-t_{k-1},k=1,2,\cdots,n-1 \quad (6-56)$$

式中:k——帧序,图像序列的每一幅,引用电视技术术语也称为帧;

n——图像序列的总帧数;

t_k——获取该帧图像的时刻(s);

Δt——图像序列时间间隔(s)。

火炮高速摄像系统的拍摄帧频是固定的,分别为125帧/s、250帧/s、500帧/s和1000帧/s,拍摄帧频越高,每秒中拍摄得到的图像数就越多。基于火炮发射具有高速、瞬时的特点,通常在运动参数测试中,帧频设置为最高,即1000帧/s。因此,利用火炮高速摄像系统采集的图像序列时间间隔Δt均相等,为0.001s。

火炮高速摄像系统拍摄的最高分辨率为1280×1024pix,但当拍摄帧频设置为1000帧/s时,分辨率只能达到640×480pix。因此,在火炮运动各参数测试中,采集的都为640×480pix分辨率、0.001s时间间隔、24位数彩色视频数据,通过完全未压缩的AVI格式文件进行存储。AVI格式数据为三维信号,和图像相比,多了一个时间轴。用USB数据线将拍摄得到的视频流转存到计算机,通过MATLAB程序就可以分解视频,进行序列图像分析。

2. 火炮发射图像序列匹配搜索区域优化

根据具体测试参数的不同，采集的火炮发射图像序列总帧数也不等，通常为500~2000帧。因此，在对高达上千帧的图像序列进行匹配时，需要缩小每一帧图像上的搜索范围，减少计算量，提高运行速度。这里主要采用了匹配区域限定和运动预测相结合的方法对图像序列匹配搜索区域进行优化。

（1）搜索区域限定。采集到的视频图像序列，包含目标运动信息的区域通常只占整幅图像的一部分，其余部分无需进行匹配搜索。例如，采集的火炮发射序列图像大小为640×480pix，而需要测试的目标的运动区域大小只有200×300pix，如果对匹配搜索区域进行限定范围，将大大减少计算量。因此，一般在对图像进行初匹配（通常第1帧匹配）时，要确定目标运动范围，限定搜索区域，进而快速完成目标匹配定位。另外，在运动预测（将在下一小节进行详述）确定的搜索区域下进行匹配时，如果发生失配、误配等情况，也应该返回运用搜索区域限定的方法进行匹配。

（2）运动预测。在观测运动物体时，通常先判断的是物体向哪个方向运动，然后再根据物体的运动方向和运动速度来判断其将会出现的位置。同样，可以把这个方法用到视频图像序列匹配中来。运动预测的基本思想是：根据前后两帧中匹配计算所得出的运动目标坐标位置得到一个差值，因前后两帧的时间差已知，目标运动速度就可以计算出来。同样根据前后坐标差，可以得到目标的运动方向，有了运动速度和运动方向以及前后两帧的时间差，就可以很容易计算出运动目标在下一帧里大致出现的位置。如果在预测位置的一个邻域进行匹配定位计算，将大大减少无用匹配点，提高了计算效率。

假设前一帧中目标中心点所处的坐标为(i_{n-1},j_{n-1})，当前目标的坐标为(i_n,j_n)，根据坐标差值，可以得出物体在前后两帧间，在X方向与Y方向上的位移量，因为前后两帧间的时间间隔Δt已知，为1ms，因此目标在X方向和Y方向上的运动速度就可以根据下面的公式求得，即

$$v_x=\frac{(i_n-i_{n-1})}{\Delta t},v_y=\frac{(j_n-j_{n-1})}{\Delta t} \tag{6-57}$$

根据上面的计算结果，可以预测出在下一帧里面，目标的大致的坐标(i_{n+1},j_{n+1})为

$$i_{n+1}=i_n+v_x\cdot\Delta t$$
$$j_{n+1}=j_n+v_y\cdot\Delta t \tag{6-58}$$

根据上面公式求得的坐标，以这个坐标(i_{n+1},j_{n+1})为中心点取一个邻域，作为搜索子图进行模板匹配工作。

在这个运动预测环节里面，每两帧之间都要计算一下目标的大致运动速度，然后用这个速度去估计下一帧中目标的位置。速度肯定是在不断变化的，因此，预测只能给出大致的范围，而且是把前后两帧间目标的运动速度看成是匀速运动来计算的。假如目标运动速度过快，目标是在不断加速或者做减速运动，或者做突然变向运动，可能就会预测错误的搜索区域，发生误配。此时，应该返回采用第一种搜索区域限定的方法进行匹配。

3. 火炮发射图像序列匹配策略

以上对单帧图像的匹配算法做了系统研究，针对火炮运动参数测试精度是第一要求的特点，对均值归一化相关匹配法(NNPROD)进行深入研究并加以改进和完善。通过模板的倾斜修正，解决了 NNPROD 算法抗旋转匹配问题；通过 NNPROD 优化算法、小波分层的搜索策略提升了匹配速度；通过亚像素相关匹配技术进一步提高了匹配精度。

这些算法的改进，在凸显某方面优势的同时，总以牺牲另一方面的性能为代价。例如，基于直线特征及模板倾斜修正的匹配方法，在解决旋转匹配问题时，匹配速度会有所降低。另外，在对整个图像序列进行匹配时，还要考虑匹配概率，即每次匹配操作能够把匹配误差限定在精度范围内的概率。在采用小波分层的搜索匹配策略中，由于分层后的图像特征有所损耗，容易发生误配，因此其匹配概率相对较差。基于直线特征及模板倾斜修正的匹配方法可提高匹配相关度，因此匹配概率较高。表 6-12 对这几种匹配算法的各种性能进行详细比较，其指标是按好、中、差来进行评估的。

表 6-12 匹配算法性能比较

匹配性能	NNPROD	NNPROD 优化	小波分层 + NNPROD 优化	模板倾斜修正 + NNPROD 优化
抗旋转性	差	差	差	好
抗噪声干扰	好	好	中	好
抗灰度失真	好	好	中	好

（续）

匹配性能	NNPROD	NNPROD 优化	小波分层 + NNPROD 优化	模板倾斜修正 + NNPROD 优化
匹配精度	好	好	好	好
匹配速度	差	中	好	差
匹配概率	中	中	差	好

通过表 6-12 的性能比较可知，NNPROD 优化算法总体性能高于 NNPROD，适用于匹配目标没有发生旋转（或旋转角度很小）的情况，在图像噪声干扰大、灰度失真严重等情况匹配有很大优势；在图像清晰度较高、受噪声干扰小且匹配目标没有发生旋转（或旋转角度很小）的情况下，小波图像分解的分层搜索策略能在满足精度的前提下具有很强的速度优势；当匹配目标发生明显旋转时，就只能利用模板倾斜修正的方法进行匹配。

采集的火炮发射图像序列长度一般为 500～2000 帧。其中，大部分序列图像清晰、噪声干扰弱、灰度失真小，且目标作无旋转刚体运动；一部分序列图像清晰度不高，而且伴有目标旋转的情况。有少部分图像噪声干扰大、灰度失真严重，但目标没有发生旋转。基于此特点，制定出了 3 种匹配算法相互协调、相互补充的匹配策略，实现了各匹配方法性能发挥的最大化、整个图像序列全局匹配的最优化。结合前面介绍的搜索区域限定和运动预测方法，设计了火炮发射图像序列匹配流程，如图 6-45 所示。

对图 6-45 所示的图像序列匹配流程，有几点需要进一步说明：

(1) 整个匹配流程需要单独完成初始匹配（通常为第 1 帧）。由于模板一般取自第 1 帧，可以采用 NNPROD 优化算法和小波分层的搜索策略进行匹配，得到目标定位坐标 $P_1(x_1, y_1)$。由于是第 1 帧，无法进行运动预测，这里主要根据 $P_1(x_1, y_1)$ 进行下一帧匹配区域的人工预测，然后转入下一帧的匹配。

(2) 计算出的最大相关系数 ρ 和设定阈值的比较结果是评价该帧匹配性能的关键，基于此，才能定出下一步的匹配流程的走向。例如，通过对 k 帧的图像匹配，得到最大相关系数为 0.7，阈值设置的是 0.8，因此可以判定此帧的匹配属于失配、误配或匹配不准，从而需要选择更可靠的匹配算法重新进行匹配。反之，则直接转入下一帧的匹配。

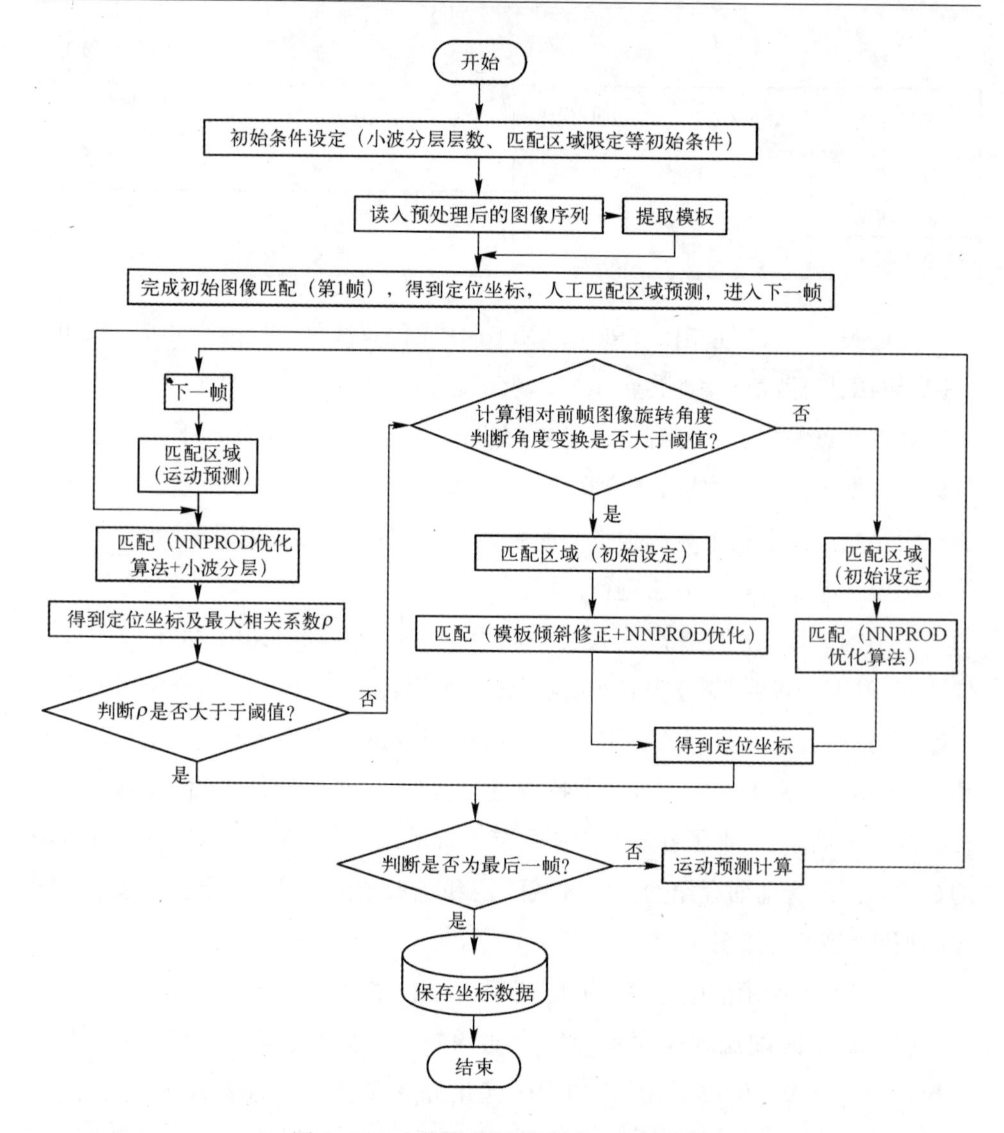

图 6-45　火炮发射图像序列匹配流程图

(3) 由最大相关系数 ρ 和设定阈值比较,如判断该帧属于失配、误配或匹配不准,则可能是由于运动预测对搜索区域的错误限制、小波分层后分辨率降低、匹配目标发生旋转、图像目标特征完全丢失等多方面原因造成的。根据计算相对前帧图像旋转角度和设定阈值比较,可判断是否目标发生旋转,如果是由于旋转原因,则可用基于直线特征及模板倾斜修正的匹配方法进行匹配。其他情况,用最可靠的 NNPROD 优化算法进行匹配。为了排除运动预测对搜索区域的错误限制的可能,重新计算全部按初始设定匹配区域进行。

6.2.9　测试数据分析处理

1. 数据分析

记第 n 帧左右标记中心的坐标分别为 $A_1(x_n, y_n)$、$A_2(x'_n, y'_n)$，第 n 帧两标记间的距离为

$$L_n = \sqrt{(x'_n - x_n)^2 + (y'_n - y_n)^2} \tag{6-59}$$

火炮后坐－复进位移量 S_n 就是两标记间距离的变化量 ΔL，即

$$S_n = L_n - L_{n-1} \tag{6-60}$$

由于相邻两帧时间间隔 Δt 固定不变（本采集系统为 1ms），根据下面公式可以求得后坐复进速度为

$$v_n = \frac{S_n - S_{n-1}}{\Delta t} \tag{6-61}$$

通过对坐标数据进行计算，就可以得到火炮后坐复进位移数据，从而绘制出火炮后坐复进位移曲线图。

2. 插值

根据原始数据测得火炮位移曲线图如图 6-46 所示，由于火炮发射后部分时间段内的发射火光完全遮挡了试验标记，标记信号完全丢失，这期间图像无法准确匹配。对这段盲区，采用多项式插值法来弥补。所谓多项式插值，就是利用已知的数据点，根据各种插值多项式估算新的数据点。多项式插值算法分为 4 种：最近点插值、线性插值、样条插值和立方插值。本书采用立方插值，进行插值后的位移曲线如图 6-47 所示。

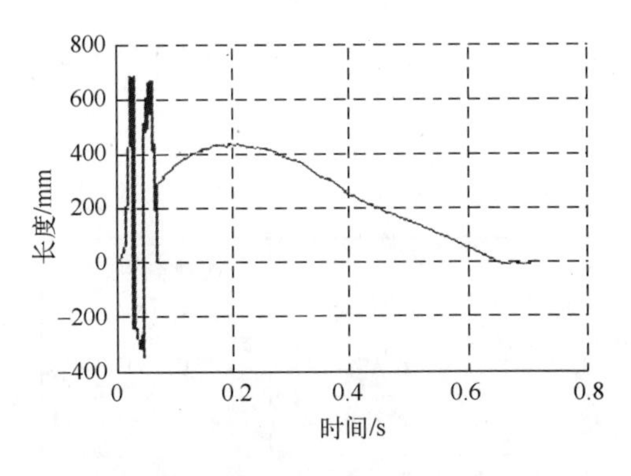

图 6-46　后坐复进原始位移曲线

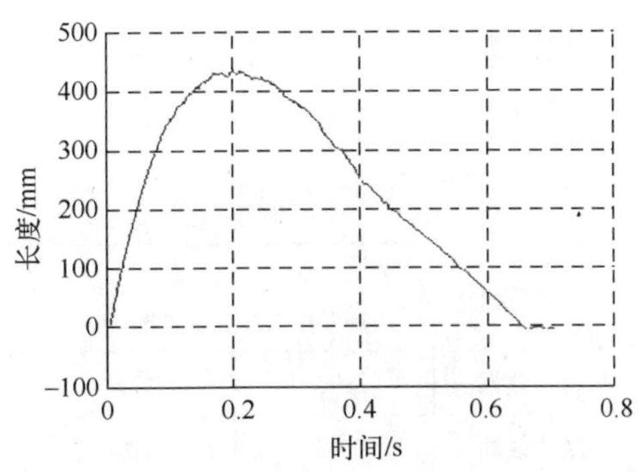

图 6-47　插值后后坐复进位移曲线

3. 滤波

对测试数据进行滤波处理，以滤除无用的干扰信号，提高数据分析的正确性与精度。常用的滤波处理方法有均值滤波、高斯滤波、中值滤波及小波变换滤波等。小波变换是傅里叶变换的发展，它通过伸缩和平移等运算功能对信号进行多尺度细化分析，应用于傅里叶变换力所不及或效果欠佳的领域，为去除原始信号中的干扰成分与噪声提供了有效手段，常用的有 Daubechies(dbN)小波系、Coiflet(coiN)小波系和 MexicanHat(mexh)小波系等，笔者使用 db 小波对位移测试信号进行处理，实现了原始信号的信噪分离与干扰成分的剔除，获得了理想的效果。滤波后如图 6-48 所示。

由于相邻两帧的间隔时间 Δt 固定不变，根据式 $v=\Delta s/\Delta t$，就可以确定后坐复进运动速度 v。由经滤波后得到光滑位移曲线，就可以得到火炮后坐复进速度曲线，如图 6-49 所示。

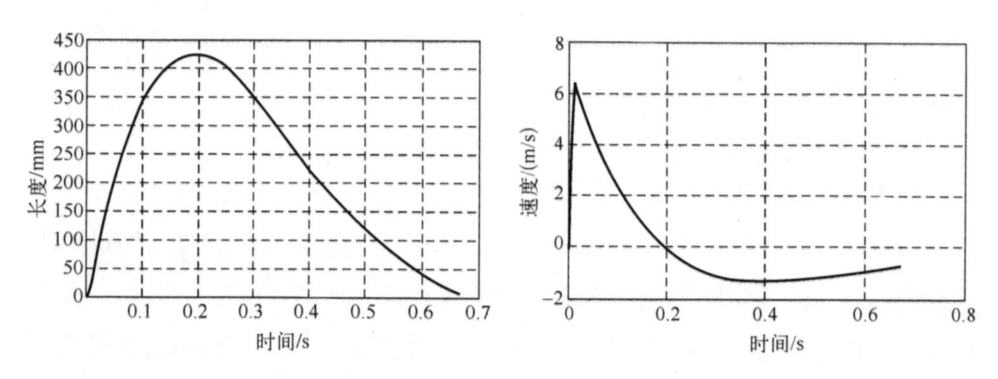

图 6-48　滤波后后坐复进位移曲线　　图 6-49　后坐复进速度曲线

图 6-50(a)和(b)分别为后坐、复进测试曲线与理论计算曲线比较图，其中虚线部分为基于图像匹配技术的测试结果，实线部分为设计计算书计算结果曲线，特征点参数如表 6-13 所列。

表 6-13　测试结果与理论计算特征参数对比

测试项目	后坐运动时间/ms	复进运动时间/ms	后坐位移/mm	最大后坐速度/(m/s)	复进到位时速度/(m/s)
理论数据	190	473	422.1	6.588	0.554
测试数据	195	470	423.9	6.500	0.602
相对误差/%	2.6	−0.6	0.4	−1.3	8.6

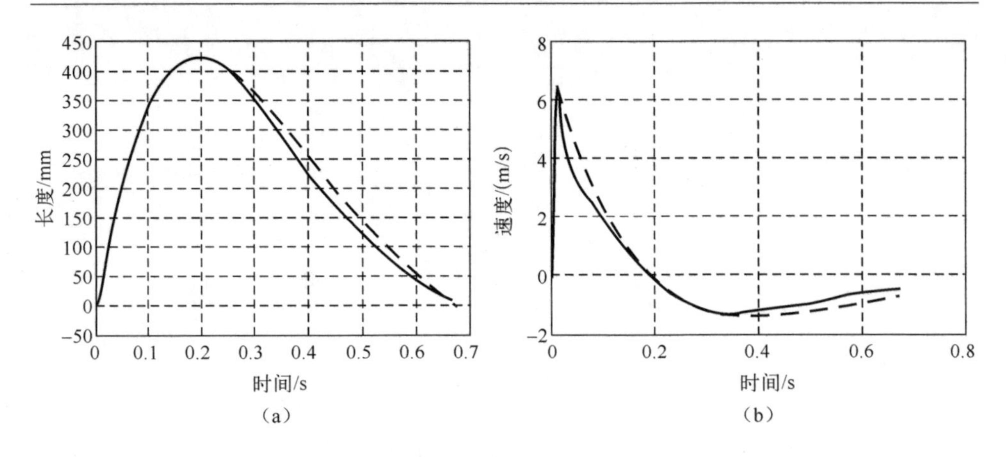

图 6-50　位移比较图(a)和速度比较图(b)

由图 6-50(a)、(b)及表 6-13 可知,测试数据与理论数据的相对误差符合工程分析的要求。

基于图像匹配技术的反后坐装置动态测试方法,获取了火炮后坐位移、速度,并与理论计算进行比较,结果证明,该方法与火炮射击后坐的运动情况基本一致,符合工程要求。基于高速摄影的反后坐装置检测方法具有非接触、灵活性较强等优点,在火炮故障诊断分析方面具有较好的实用价值。

由于部分视图像受火焰的影响比较大,测试抗火焰干扰能力较弱,测试环境有待改善,如将高速摄影仪器固定于炮塔内,对不受火焰影响的炮尾的后坐与复进运动进行分析;图像分析只精确到整像素,测试精度有待提高,如采用亚像素等方法。如何改善测试环境与进一步提高数据分析精度是今后研究的重点。

第 7 章　火炮修后水弹试验评估与诊断技术

火炮水弹试验是修后火炮的最后检验环节,水弹试验评估合格的火炮方能让部队训练使用。因此,火炮试验评估与诊断是火炮水弹试验的重要环节,火炮水弹试验后,必须对火炮后坐、复进运动状态及运动规律做出评估,以及时发现故障,确保火炮修理质量。目前,修理工厂水弹试验时,大多通过后坐指示尺指示的后坐距离定性评估火炮后坐运动的正确性与安全性,通过开闩、抽筒等动作对复进运动定性评估。该方法评估手段落后,依赖专家经验性强,精度低。现代科技技术迅猛发展,为火炮水弹试验评估与诊断提供了技术手段。

获取火炮水弹试验测试数据后,通过试验数据分析处理,对火炮试验状态进行模糊评估,并对后坐、复进运动发生异常的火炮必须进行反后坐装置的故障诊断,分析其故障部位与故障原因。本章主要研究火炮反后坐装置故障诊断的理论与方法,着重探讨基于结构原理的复进机诊断法和基于智能算法的制退机诊断法,并结合实例进行分析与验证。

7.1 反后坐装置状态动态模糊评估

火炮反后坐装置的状态无非两种:正常与故障。但状态之间的区分具有模糊性,即不能根据某一数值来断定反后坐装置是正常状态或故障状态,为了提高状态的识别精度,应运用模糊理论,确定合适的隶属度函数对状态进行评判。

模糊性是客观世界普遍存在的一种现象。在故障诊断中,装备的运行状况从无故障运行到带故障运行是一个渐变过程,装备表现出的症状也是逐渐变化的,因此各种征兆值和故障值具有模糊性,如果用传统的二值逻辑方法来处理显然不合理,因此引入模糊逻辑,选择确定的隶属函数,用相应的隶属度来描述各种征兆值的模糊性。

经典集合论中,任何元素与集合之间的关系,只有属于和不属于两种关系,两者必须而且只能存在其中一种情况,即元素对集合的隶属度只能取 0 或 1。模糊理论将元素对集合的隶属度推广到[0,1]区间内的任意数值,即利用隶属度定量描述论域中的元素符合某一概念的程度,应用隶属度函数表示模糊集合,应用模糊集合表示模糊概念。

火炮后坐运动根据其后坐位移可划分为 3 种状态:后坐过短、后坐正常与后坐过长。同样,复进运动根据其复进速度可划分为 3 种状态:复进不足、复进正常与复进过猛。后坐与复进运动状态具有模糊性，应采用模糊隶属度函数。结合火炮后坐与复进运动特点，本书采用梯形隶属度函数，图7-1火炮后坐距离x或复进到位速度v由火炮测试曲线提取得到。对于后坐复进运动，其隶属函数为

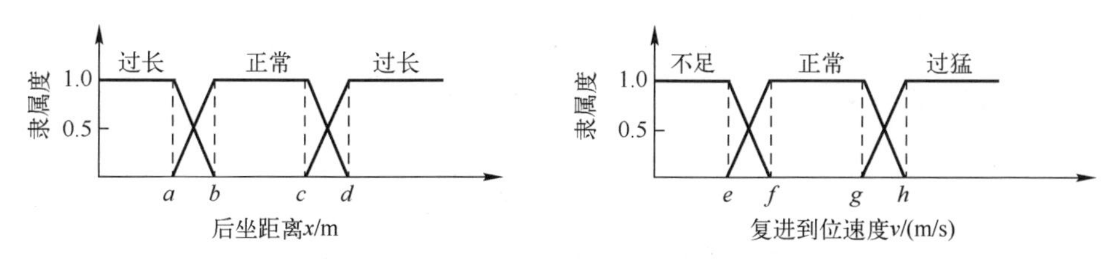

图7-1　状态评估梯形隶属函数图

$$\mu_1=\begin{cases}1, x\leqslant a\\ \dfrac{b-x}{b-a}, a<x<b\\ 0, x\geqslant b\end{cases}$$

$$\mu_1=\begin{cases}1, v\leqslant e\\ \dfrac{f-v}{f-e}, e<v<f\\ 0, v\geqslant f\end{cases}$$

$$\mu_2=\begin{cases}0, x\leqslant a\\ \dfrac{x-a}{b-a}, a<x<b\\ 1, b\leqslant x\leqslant c\\ \dfrac{d-x}{d-c}, c<x<d\\ 0, x\geqslant d\end{cases}$$

$$\mu_2=\begin{cases}0, v\leqslant e\\ \dfrac{v-e}{f-e}, e<v<f\\ 1, f\leqslant v\leqslant g\\ \dfrac{h-v}{h-g}, g<v<h\\ 0, v\geqslant h\end{cases}$$

$$\mu_3=\begin{cases}0, x\leqslant c\\ \dfrac{x-c}{d-c}, c<x<d\\ 1, x\geqslant d\end{cases}$$

$$\mu_3=\begin{cases}0, v\leqslant g\\ \dfrac{v-g}{h-g}, g<v<h\\ 1, v\geqslant h\end{cases}$$

式中:a、b、c、d 与 e、f、g、h——隶属函数特征值;

μ_1、μ_2、μ_3——火炮后坐过短、后坐正常与后坐过长及复进不足、复进正常与复进过猛的隶属度值。

隶属函数特征值 a、b、c、d 与 e、f、g、h 随火炮类型具体确定。

具体评判时,将测得的后坐距离与复进到位速度代入隶属度函数,根据得出的隶属度值大小,判定其属于哪种状态模式。对于具体型号火炮及后坐距离与复进到位速度值,可计算得到 $\mu_i(i=1,2,3)$,根据 μ_i 的最大值,表明火炮后坐、复进运动属于第 i 种状态,其隶属度(可信度)为 μ_i。

以某 122mm 榴弹炮 2#装药、0°射角的实弹射击为例,对试验数据进行分析。

该炮的正常后坐距离:605 ~ 640mm;极限后坐距离为 650mm;即后坐距离范围为[0,650]。正常复进到位速度为 0.4 ~ 0.6m/s。

根据反后坐装置后坐位移正常范围划定 3 个区间:后坐过短、后坐正常和后坐过长。同时,根据后坐部分复进到位速度正常范围划定 3 个区间:复进不足、复进正常和复进过猛。确定每个区间的梯形函数形状,其隶属度函数特征值如表 7-1 所列。

表 7-1 梯形隶属函数特征值

区间值	a	b	c	d
后坐距离 x/mm	605	610	635	645
	e	f	g	h
复进到位速度 v/(m/s)	0.35	0.45	0.55	0.65

火炮试验数据曲线如图 7-2 所示,由此得出后坐最大位移、复进到位速度,将其作为输入参数就可得到相应的后坐复进状态及状态隶属度。具体计算结果

如表7-2所列。

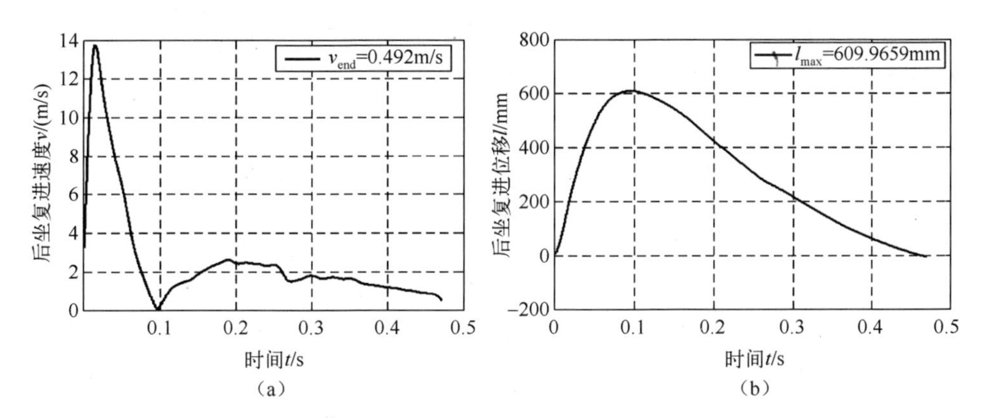

图7-2 某122mm榴弹炮后坐复进位移与速度曲线

(a) 位移曲线;(b) 速度曲线。

从表7-2的结果可以看出,状态识别的准确度已经达到了比较高的精度,为下一步的故障诊断打下了良好的基础。为了得到更准确无误、更符合实际情况的诊断结论,故障诊断方面也应用了模糊评判理论。

表7-2 火炮后坐复进评估结果

项　　目	后坐位移 l/mm		复进到位速度 v/(m/s)	
	理论值	计算值	理论值	计算值
计算结果	610.2541	609. 9659	0.5059	0.4920
置信度	1		1	
结　论	后坐正常		复进正常	

7.2 智能故障诊断技术

随着科技的发展,20世纪80年代以来,计算机技术尤其是智能技术在故障诊断领域进行了应用或尝试,使得故障诊断技术逐步向智能化方向发展,形成了一种全新的智能故障诊断方法。这是一种基于专家知识和人工智能技术的诊断方法,利用智能方法有效地获取、传递和处理信息,具有对给定环境下的诊断对象成功进行状态识别和状态预测的能力。其"智能化"主要体现在以人工智能(Artificial Intelligence,AI)作为诊断技术的核心。

与传统的故障诊断技术相比,智能故障诊断技术的优越性在于:综合了专家知识和人工智能技术,实现了计算机技术和故障诊断技术的完美融合,能够对多故障、多过程和故障预测进行快速分析诊断。

根据诊断推理过程中采用的方法，可以将智能故障诊断分为基于符号推理的故障诊断和基于数值计算的故障诊断。

7.2.1 基于符号推理的故障诊断

其代表是基于符号计算的故障诊断专家系统。专家系统是一种人工智能软件系统，利用领域专家的经验知识，根据用户给出的关于问题的信息数据，按照一定的推理机制，从知识库中选择对问题最合理的解释。基于知识的专家系统大致经历了两个发展阶段：基于浅知识（规则）的专家系统和基于深知识（模型知识）的专家系统。

在基于符号计算的故障诊断专家系统中，知识是按照一定的规则用特定的描述符号加以表示、存储和处理的。在知识获取过程中，对事件型知识或从领域专家获取的功能型知识加以描述，将知识按一定规则存储，得到知识库。知识处理根据输入数据按照一定的推理机制和策略进行逻辑推理，得到要求或希望的结果。知识获取程序、知识库和推理机之间的联系不是很密切，常具有相对的独立性。

典型的故障诊断专家系统结构如图 7－3 所示。

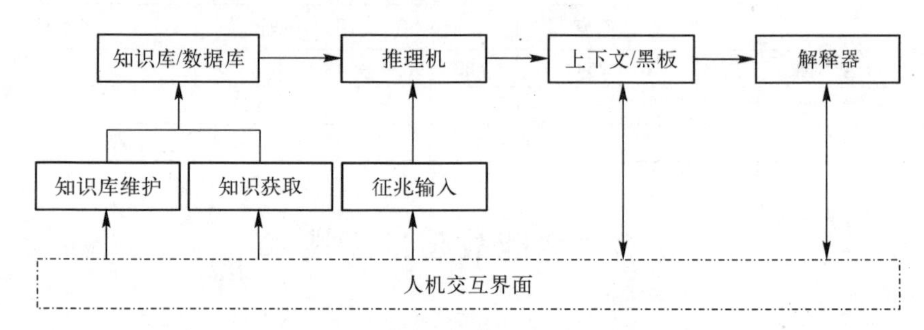

图 7－3　故障诊断专家系统结构

7.2.2 基于数值计算的故障诊断

在传统人工智能的基于谓语逻辑方法和符号运算的基础上，结合当前先进的计算工具就产生了计算智能。传统的计算方法对待求解问题要详尽描述，计算智能允许存在不精确性和不确定性，试图寻找对精确的或不精确的表述问题的近似解，以获得易处理、鲁棒性、低求解成本和更好地与实际融合。

计算智能是由若干种计算方法构成，主要包括人工神经网络（Artificial Neural Network，ANN）、模糊理论（Fuzzy Theory，FT）、遗传算法（Genetic Algorithm，GA）、概率推理、混沌系统、置信网络等。

近年来，人工智能理论不断地成功应用在故障诊断领域，为装备故障诊断技术的发展开拓了新的途径。

（1）专家系统。专家系统是一种具有大量专门知识的程序系统，它根据多个专家提供的专业知识进行推理，解决通常需要专家才能解决的复杂问题。借助专家系统的帮助，使运行和维护人员可以迅速、准确地判断故障，从而在一定程度上缓解了现场对维修人员在经验方面的要求。任何专家系统的有效性完全取决于它所采用的判断规则和领域经验的质量。但实际上故障诊断知识的获取是非常困难的，这一问题一直是阻碍传统专家系统应用的瓶颈问题。

（2）人工神经网络。人工神经网络具有自组织、自学习的能力，使其成为最有前途的故障诊断知识的获取途径。人工神经网络不包含具体的诊断规则，而是将诊断规则隐含于其权值矩阵中，主要通过对已知故障样本的学习来获得对未知故障进行诊断的能力。但是由于神经网络存在应用之前对原始数据规格化处理困难等问题，特别是在神经网络中，通常需要庞大的训练样本集，样本特征多，且数据差异性大，这就使得网络结构复杂，收敛困难。这些困难都是神经网络需要进一步研究的问题。

（3）遗传算法。遗传算法是近年来故障诊断领域的最新研究成果。它具有很强的鲁棒性，能克服神经网络训练过程中容易收敛于局部最优解的问题，使系统收敛于全局最优。已有学者将神经网络与遗传算法结合起来，以避免陷入局部最优的情况。遗传算法作为一种先进的全局优化算法，已经显示出其强大的生命力，并且已经在许多学科领域得到了应用。但是将遗传算法应用于火炮反后坐装置故障诊断中的公开发表的文献还很少。

（4）模糊理论。故障分类本身存在着模糊性，区间的划分不可能非常清晰，因此不少学者将模糊理论引入装备故障诊断中，并且已取得了许多可喜的成绩。

由于各种理论和方法都存在着不同的缺陷，因此许多研究学者正致力于将专家系统、神经网络、遗传算法和模糊数学等智能算法结合起来，从而有效地确定故障类型、部位、程度和趋势。

本节尝试将多种人工智能理论应用于火炮反后坐装置的故障诊断，取得了一些经验，但也还存在不足和困难，有待于进一步地深入研究。

7.3 反后坐装置智能故障诊断

火炮后坐与复进运动的故障现象主要有后坐过长、后坐过短、复进不足、复进过猛和漏液漏气5种主要故障现象。火炮后坐复进运动相关故障的原因主要是反后坐装置气、液量不正常及内部零部件的磨损。如图7－4所示,复进机故障主要体现在其气、液量不正确,可根据射击过程中所测的后坐位移及对应的复进机气压评估其性能,相对容易;制退机故障主要体现在制退机液量偏少、节制环磨损、制退杆活塞套磨损,难以直接测量。

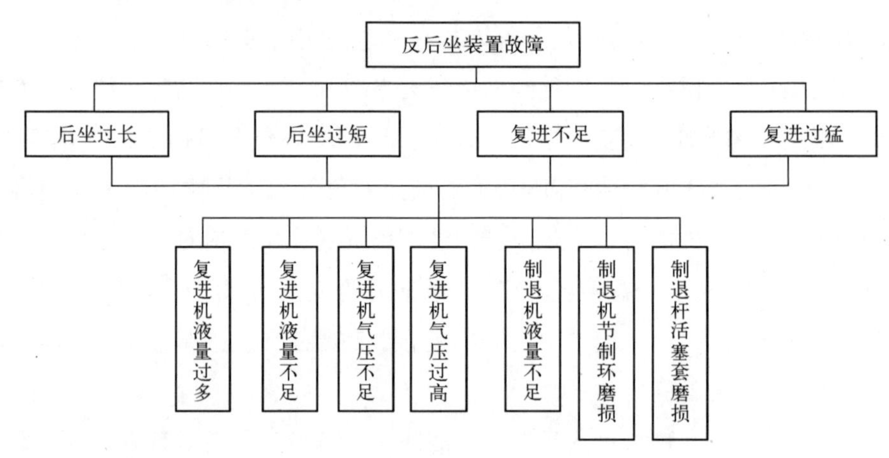

图7－4 反后坐装置故障部位及故障原因分析示意图

7.3.1 复进机故障诊断

现代火炮大多采用结构紧凑的液体气压式复进机,其工作介质为液体和气体。复进机在长期使用过程中,由于密封件失效常常会发生漏液、漏气现象,导致复进机气、液量不符合标准。复进机气液量不符合标准会造成火炮后坐过短或后坐过长、复进不足或复进过猛故障,严重者会发生火炮毁坏,从而造成严重事故。复进机故障诊断的目的就是评判复进机内的气、液量是否符合标准,若不符合标准,应找出故障原因。本节依据复进机结构原理,建立以火炮射击时后坐位移与复进机压力作为输入参数的复进机气、液量诊断模型,并举例验证了诊断模型及诊断结果的正确性。

1. 诊断模型

火炮后坐时,复进机内气体被压缩,储存了复进能量。由于火炮后坐时间很

短，复进机内气体压力 p 与容积 W 的变化规律为

$$p_0 W_0^n = p_l W_l^n \tag{7-1}$$

即

$$p_0 W_0^n = p_l (W_0 - A_F \cdot l)^n \tag{7-2}$$

式中：p_0 为复进机气体初压力（Pa）；p_l 为火炮坐长 l 时复进机气体压力（Pa）；n 为多变指数；W_0 为复进机内气体初容积（m^3）；W_l 为火炮后坐 l 时复进机内气体容积（m^3）；A_F 为复进杆活塞工作面积（m^2），可得

$$W_0 = \frac{\left(\frac{p_l}{p_0}\right)^{\frac{1}{n}} \cdot A_F \cdot l}{\left(\frac{p_l}{p_0}\right)^{\frac{1}{n}} - 1} \tag{7-3}$$

又有

$$W_0 = W_F - W_y \tag{7-4}$$

式中：W_F——复进机的总容积（m^3）；

W_y——复进机内液体容积（m^3）。

由式（7-3）、式（7-4）可得复进机内液量为

$$W_y = W_F - W_0 = W_F - \frac{\left(\frac{p_l}{p_0}\right)^{\frac{1}{n}} \cdot A_F \cdot l}{\left(\frac{p_l}{p_0}\right)^{\frac{1}{n}} - 1} \tag{7-5}$$

这样，通过检测火炮后坐时复进机气体压力可得到复进机初压 p_0、复进机末压 p_l，火炮的后坐距离 l 由位移传感器测得，由式（7-5）就可计算得到复进机内液量 W_y。

此时，复进机内气体容积 W_q 为

$$W_q = W_F - W_y \tag{7-6}$$

而复进机气、液量正常时，气体容积 W_{q0} 为

$$W_{q0} = W_F - W_{y0} \tag{7-7}$$

式中：W_{y0}——复进机标准液量（m^3）。

则该复进机气体在标准液量下气体压力 p_{10} 为

$$p_{10} = \frac{W_q}{W_{q0}} p_0 \tag{7-8}$$

对于具体型号火炮，复进机结构及标准气、液量一定的情况下，通过复进机压力测试，间接检测得到复进机内液量，同时可得到标准液量下的气体压力，即复进机内的实际气、液量。此气、液量与标准气、液量值比较，就可评判复进机气、液量是否正常，并确定故障原因。复进机气、液量具体可分为以下 6 种情况：

（1）$W_q = W_{q0}, p_{10} = p_{00}$，复进机气、液量正常。

（2）$W_q < W_{q0}, p_{10} = p_{00}$，复进机气压正常，液量不足。

（3）$W_q = W_{q0}, p_{10} < p_{00}$，复进机气压偏低，液量正常。

（4）$W_q = W_{q0}, p_{10} > p_{00}$，复进机气压偏高，液量正常。

（5）$W_q < W_{q0}, p_{10} < p_{00}$，复进机气压偏低，液量不足。

（6）$W_q < W_{q0}, p_{10} > p_{00}$，复进机气压偏高，液量不足。

2. 诊断实例分析

图 7-5、图 7-6 分别为某火炮水弹试验时的后坐位移及复进机压力原始曲线，图 7-7、图 7-8 为滤波后的位移曲线及压力曲线。从图中看出，原始信号中含有许多高频干扰信号，经小波滤波后可得到光滑的位移、压力曲线。

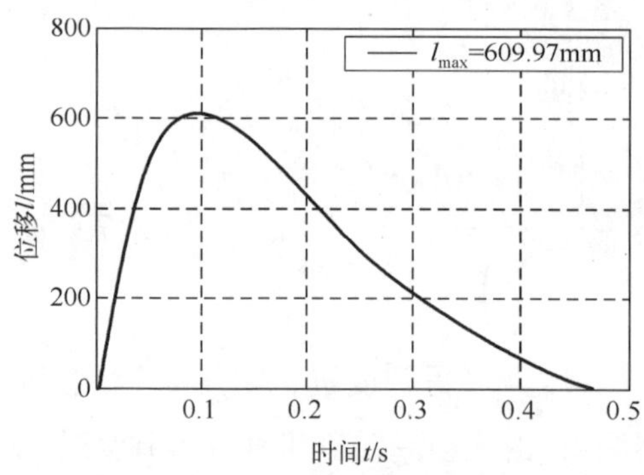

图 7-5　后坐复进位移原始数据曲线

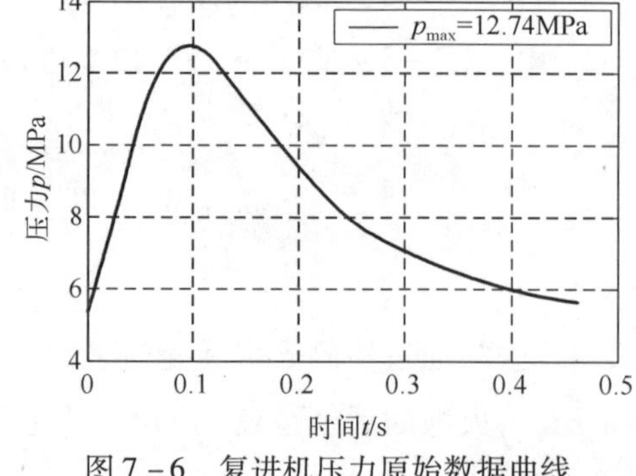

图 7-6　复进机压力原始数据曲线

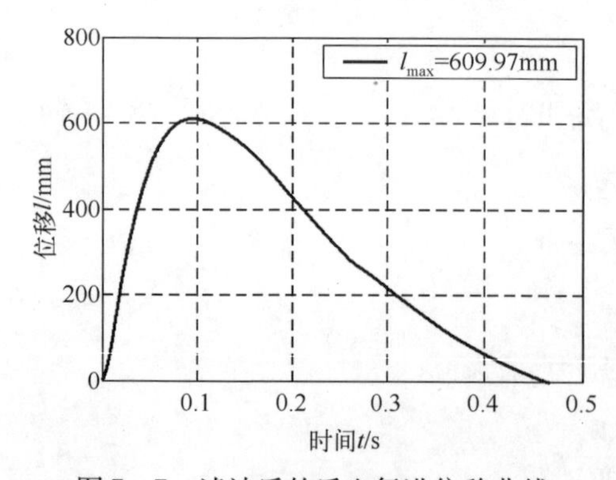

图 7-7　滤波后的后坐复进位移曲线

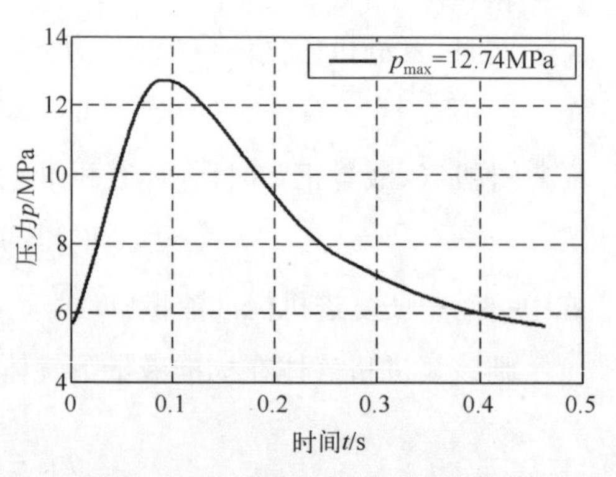

图 7-8　滤波后的复进机压力曲线

由图分析可知,该炮后坐距离为 $l=609.97\text{mm}$,复进机初压与末压分别为 $p_0=5.61\text{MPa}$,$p_l=12.74\text{MPa}$。代入上述复进机故障诊断模型求得复进机气压、液量为 $W_y=4.595\text{L}$,$p_{10}=5.605\text{MPa}$。

表7-3结果表明,根据火炮复进机结构原理得到的诊断模型可较准确地评估火炮复进机的气、液量是否正常,并进行相应的故障诊断。在火炮多次水弹试验中,本系统工作可靠,后坐、复进位移及复进机压力测量精度高于后坐指示尺指示精度及压力表测量精度,诊断结果正确、可靠。水弹试验实践表明:本节提出的复进机动态诊断模型是正确、可行的,可应用于火炮复进机故障诊断。

表7-3 复进机气、液量诊断结果

复进机液量			复进机气压		
理论值 W_{y0}/L	诊断值 W_y/L	结 论	理论值 p_{00}/MPa	诊断值 p_{10}/MPa	结 论
4.6	4.595	液量正常	5.6	5.605	气压正常

7.3.2 制退机故障诊断

制退机故障主要体现在制退机液量偏少、节制环磨损、制退杆活塞套磨损等故障。由于火炮制退机上难以安装测试用传感器,难以直接检测制退机的漏液情况及节制环、活塞套磨损等内部故障情况,因此,很难从测试数据直接评估制退机的技术状态,只能通过制退机的故障诊断模型间接评估与诊断。首先对制退机主要故障的机理进行分析。

(1) 制退机漏液。当制退机的密封件失效后,制退机会产生漏液现象。制退机漏液,会使制退机工作内腔产生一段真空,长度为 $L=\Delta V_Z/A_0$,其中 ΔV_Z 为制退机漏液量(L),A_0 为制退杆活塞工作面积(m^2)。在后坐、复进过程中,此真空段($0\sim L$)的液压阻力 $F_{\varphi h}$、$F_{\varphi f}$为0;真空段消失后液压阻力恢复正常,因而制退机漏液,减小了后坐阻力,会使火炮后坐过长。

(2) 节制环磨损。火炮后坐复进过程中,制退机内部液体高速流过节制环与节制杆形成的可变漏口时,高速液体不断冲刷节制环,使节制环磨损,使节制环孔径增大,液体流经该环形漏口处的液压阻力减小。后坐过程中,节制环与节制杆形成的可变漏口是制退机产生液压阻力的主要漏口,导致后坐速度增加,后坐距离变大。

(3) 制退杆活塞套磨损。同样,后坐与复进过程中,制退机工作腔内液体经制退杆活塞与制退筒内壁,进入制退机非工作腔时,会使制退杆活塞套磨损;制退杆活塞套的磨损会造成制退杆活塞与制退机内筒间隙增大,导致后坐过程中制退机液压阻力变小,从而也会使后坐距离增长。

制退机故障的诊断方法较多,本节主要采用3种不同的方法对制退机主要故障进行诊断,并结合实例进行计算、分析和比较。

1. 逐步逼近法

1) 基本原理

由上述可知,制退机液量 V_Z、节制环孔径 d_g、制退杆活塞套直径 D_T 与后坐位移 x、后坐速度 v、复进速度 U 之间有明确的函数关系,是隐含的非线性函数关系。由反后坐装置结构原理可知,制退机液量 V_Z、节制环孔径 d_g、制退杆活塞套直径 D_T 各参数都有标准值,并在一定取值范围内,后坐位移 x、后坐速度 v、复进速度 U 对 V_Z、d_g、D_T 连续可导,即存在着连续可导的函数关系。

因此,制退机的故障诊断思路是:寻找制退机漏液量 ΔV_Z、节制环磨损量 Δd_g、制退杆活塞套磨损量 ΔD_T,使计算所得的后坐位移 x、后坐速度 v、复进速度 U 值与所测值一致,从而诊断其故障原因。

为表达方便,不考虑后坐、复进运动方程组的具体内容,仅把它们考虑成在这些参数取值范围内的连续函数,即

$$y_j = f_j(x_1, x_2, \cdots, x_m), i = 1, 2, \cdots, m; j = 1, 2, \cdots, k \tag{7-9}$$

式中:y_j——计算结果 x、v、U 等;

x_i——可调整的反后坐装置参数 V_Z、d_g、D_T 等;

k——计算结果个数;

m——要调整的参数个数。

该函数的全微分表达式为

$$\mathrm{d}y_j = \sum_{i=1}^{m} \frac{\partial f_j}{\partial x_i}\mathrm{d}x_i, i = 1, 2, \cdots, m; j = 1, 2, \cdots, k \tag{7-10}$$

取反后坐装置参数的正常值作为初值,通过计算可得该组参数下的计算结果,与试验测试值的差值也就得到。由于反后坐装置参数改变量较小,这一差值就可近似作为其全微分值,因此,只要计算出式(7-10)中的偏微分 $\frac{\partial f_j}{\partial x_i}$ 值,就能

得到各参数的改变量的方程组，解该方程组就可得到各参数的改变量，也就可得各参数的故障值。

2）算法步骤

设反后坐装置参数标准值为 x_{i0}，由此计算结果为 y_{j0}，试验得结果为 y_{js}。由以上基本原理可得，反后坐装置故障计算主要由以下 5 步完成：

（1）计算偏微分值$\frac{\partial f_j}{\partial x_i}$。

（2）计算全微分 dy_j。

（3）求改变量 Δy_j。

（4）计算结果评估。

（5）对结果评估的处理。

3）诊断实例分析

由于缺乏水弹试验实际故障数据，可取理论计算数据为实例，这并不影响验证该诊断方法的有效性。以某自行火炮为例，设置仿真故障：制退机液量为 5.6L，技术状态为正常；节制杆活塞套直径为 124.815mm，状态正常；节制环磨损，节制环直径由 40mm 变为 41mm。由此可得，$\Delta V_Z = 0\text{L}$，$\Delta d_g = 1\text{mm}$，$\Delta D_T = 0\text{mm}$，代入上述计算步骤计算得 $x = 0.5859\text{m}$，$v_{\max} = 10.7688\text{m/s}$，$U_{\text{end}} = 1.0809\text{m/s}$。结构原理可分析得到该故障现象为火炮后坐过长故障，即设置了后坐过长的故障：$x = 0.5859\text{m}$，$v_{\max} = 10.7688\text{m/s}$，$U_{\text{end}} = 1.0809\text{m/s}$，以替代火炮水弹试验的实际故障。

基于上述制退机故障诊断模型及算法，应用 MATLAB 编程，计算得到 $\Delta V_Z = 0.0014\text{L}$，$\Delta d_g = 1.0001\text{mm}$，$\Delta D_T = 0.0001\text{mm}$，诊断结果为节制环磨损。此时，由计算得到的火炮后坐、复进结果如表 7-4、表 7-5 所列，仿真计算结果与火炮故障设置值基本一致，误差很小，低于 0.1%。

表 7-4　反后坐装置后坐、复进参数计算结果

计算项目	x/m	$v_{\max}$/(m/s)	U_{end}/(m/s)
设置值	0.5859	10.7688	1.0809
计算值	0.58589	10.7690	1.08088
绝对误差	0.00001	0.0002	0.00002
相对误差	1.2×10^{-5}	3.56×10^{-6}	1.7×10^{-5}

表 7-5　反后坐装置故障仿真计算结果

计算项目	v_z/L	d_g/m	D_T/m
设置值	5.6	0.041	0.124815
计算值	5.5986	0.0410001	0.1248151
绝对误差	0.0014	0.0001	0.0001
相对误差	2.46×10^{-4}	2.67×10^{-6}	4.36×10^{-7}

表 7-5 结果表明，通过此方法计算得到的故障部位数值与设置值基本一致，误差很小，故障原因诊断正确。

2. BP 神经网络

BP 神经网络是一种建立在梯度下降法基础上的单向传播的多层前向神经网络，分为输入层、隐含层和输出层，层与层之间采用全连接，而每层神经元之间无连接。在获得输入值后，首先由输入层单元传到隐含层单元，经过各单元的传递函数运算后，把隐含层单元的输出信息传到输出层单元，最后得出输出结果。这是一个逐层状态更新过程，称为前向传播。如果输出层不能得到期望输出，就是实际输出值与期望输出值之间有误差，那么转入反向传播过程，将误差信号沿原来的连接通路返回，通过修改各层神经元的权值，逐次地返回输入层去重新计算，再经过正向传播过程，这两个过程的反复运用，使得误差信号最小。

虽然神经网络具有理论上的完整性，并已成功地广泛应用于各类问题，但仍然存在着不少问题：

(1) 已训练好的网络的推广(泛化)问题，即能否逼近规律和对于大量未经学习过的输入向量也能正确处理。

(2) 基于 BP 算法的网络的误差曲面有 3 个特点：

① 有很多全局最小的解。

② 存在一些平坦区，在此区内误差改变很小。

③ 存在不少局部最小点，在某些初值的条件下，算法的结果会陷入局部最小。

(3) 学习算法的收敛速度很慢。

(4) 网络的隐含层节点个数的选取尚缺少统一而完整的理论指导。

1) BP 网络结构

BP 网络的基本结构是由输入层、一个或多个隐含层和输出层组成，x_1，

$x_2,\cdots,x_n$为网络的输入特征，$y_1,y_2,\cdots,y_m$为目标输出特征，$h_1,h_2,\cdots,h_j$和$t_1,t_2,\cdots,t_k$分别为隐含层中间变量。实际应用中，BP 网络主要有两层和三层（不包括输入层）两种。研究表明，当隐含层的神经元足够大时，两层结构的网络可以实现任意复杂的映射，而三层网络在神经元数有限情况下，就能完成所需的映射，因此，本书选择三层 BP 网络结构，其结构原理如图 7－9 所示。

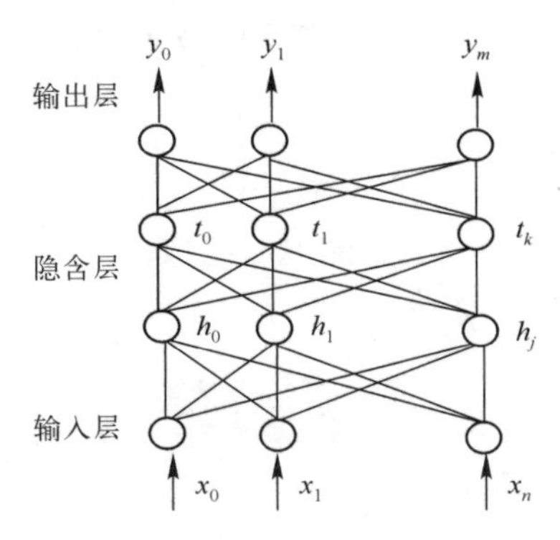

图 7－9　三层 BP 网络结构

BP 网络的输入与输出神经元数分别为输入空间和输出空间数；隐层神经元个数选择是 BP 网络研究中的一个难点问题，它与求解问题的要求及输入、输出节点数有关。通常先用参考公式确定隐层节点数，即

$$k < \sum_{i=0}^{n} c_i^m, m = \sqrt{n_1 + n_2} + a \tag{7-11}$$

式中：m——隐含层节点数；

k——样本数；

n_1——输入节点数；

n_2——输出节点数；

a——1～10 的常数。

再根据实际情况在参考值左右有限浮动。当原有网络不能进一步提高精度时，可适当再提高隐含层节点数，以提高训练精度。建议在网络训练成功后，适当减少隐含层节点数再作训练，直到不能再减少节点为止。这时的网络是最强壮的，也是最精练的。

2）BP 网络算法

标准 BP 网络算法比较简单，但存在收敛速度慢和局部极小问题。为此，有学者提出了不少改进的快速训练算法，主要分为两大类：基于标准梯度下降的改进算法，主要有引入动量因子算法、可变学习速率算法和弹性算法等；基于标准数值优化的改进算法，主要有拟牛顿法、Levenberg－Marquardt 法和共轭梯度法。由于篇幅有限，并结合课题实际，下面仅对 L－M 算法进行简要介绍，其他算法可参考相关资料。

L－M 算法是一种利用标准的数值优化技术的快速算法，它是梯度下降法与 Gauss－Newton 法的结合，也可以说是 Gauss－Newton 法的改进形式，它既有 Gauss－Newton 法的局部收敛性，又具有梯度下降法的全局特性。

设 $\boldsymbol{x}^k$ 表示第 k 次迭代的权值和阈值所组成的向量，新的权值和阈值组成的向量 $\boldsymbol{x}^{k+1}$ 可根据下面的规则求得

$$\boldsymbol{x}^{k+1}=\boldsymbol{x}^{\mathrm{k}}+\Delta\boldsymbol{x} \tag{7-12}$$

对于 Newton 法则，有

$$\Delta\boldsymbol{x}=-\left[\nabla^2\boldsymbol{E}(x)\right]^{-1}\nabla E(x) \tag{7-13}$$

式中：$\nabla^2\boldsymbol{E}(x)$——误差指标函数 $E(x)$ 的 Hessian 矩阵；

$\nabla\boldsymbol{E}(x)$——梯度。

设误差指标函数为

$$E(x)=\sum_{i=1}^{N}e_i^2(x) \tag{7-14}$$

式中：$e(x)$——误差。

那么，有

$$\nabla E(x)=\boldsymbol{J}^{\mathrm{T}}(x)e(x) \tag{7-15}$$

$$\nabla E^2(x)=\boldsymbol{J}^{\mathrm{T}}(x)\boldsymbol{J}(x)+S(x) \tag{7-16}$$

式中：$\boldsymbol{J}(x)$——Jacobian 矩阵；

S——误差函数。

即

$$\boldsymbol{J}(x)=\begin{vmatrix}\dfrac{\partial e_1(x)}{\partial x_1} & \dfrac{\partial e_1(x)}{\partial x_2} & \cdots & \dfrac{\partial e_1(x)}{\partial x_n}\\ \dfrac{\partial e_2(x)}{\partial x_1} & \dfrac{\partial e_2(x)}{\partial x_2} & \cdots & \dfrac{\partial e_2(x)}{\partial x_n}\\ \vdots & \vdots & \ddots & \vdots\\ \dfrac{\partial e_N(x)}{\partial x_1} & \dfrac{\partial e_N(x)}{\partial x_2} & \cdots & \dfrac{\partial e_N(x)}{\partial x_n}\end{vmatrix} \tag{7-17}$$

$$S(x) = \sum_{i=1}^{N} e_i(x) \nabla^2 e_i(x) \tag{7-18}$$

对于 Gauss – Newton 法则，有

$$\Delta \boldsymbol{x} = -[\boldsymbol{J}^{\mathrm{T}}(x)\boldsymbol{J}(x)]^{-1}\boldsymbol{J}(x)e(x) \tag{7-19}$$

L – M 算法是 Gauss – Newton 法的改进，即

$$\Delta \boldsymbol{x} = -[\boldsymbol{J}^{\mathrm{T}}(x)\boldsymbol{J}(x) + \mu \boldsymbol{I}]^{-1}\boldsymbol{J}(x)e(x) \tag{7-20}$$

式中：$\mu > 0$——常数；

$\boldsymbol{I}$——单位矩阵。

如果 μ 很大，L – M 算法近似于梯度下降法；而若 μ 为0，则是 Gauss – Newton 法。通常，在函数逼近问题上，L – M 算法具有最快的收敛速度。在许多情况下，L – M 算法能够比别的算法得到更小的均方差。

3）诊断实例分析

下面以某自行火炮为例，对 BP 网络进行计算验证。

由于缺少实际样本数据，选取解析算法的部分计算结果作为神经网络学习样本集，这并不影响神经网络经过学习而获得模拟实际规律的能力。具体做法是：设 ΔV_Z、Δd_g 与 ΔD_T 取值范围如下：

ΔV_Z：0 ~ 7L，间隔1.2L，共取5个值。

Δd_g：0 ~ 1.25mm，间隔0.25mm，共取5个值。

ΔD_T：0 ~ 0.60mm，间隔0.12mm，共取5个值。

由上述可知，样本集共有 5 × 5 × 5 = 125 组数据，代入上述方程组计算得后坐位移 X、后坐最大速度 $v_{\max}$、复进到位速度 U_{end}，这样，样本库内共有125个故障现象（X、$v_{\max}$、U_{end}）与故障原因（ΔV_Z、Δd_g 与 ΔD_T）相对应的训练样本。

由于缺乏试验所得故障数据，同样对某火炮射击故障进行仿真，分析其故障原因。

故障一：节制环磨损，即 $\Delta V_Z = 0\text{L}$，$\Delta d_g = 0.2825\text{mm}$，$\Delta D_T = 0\text{mm}$，经计算得 $X = 0.7351\text{m}$，$v_{\max} = 11.4148\text{m/s}$，$U_{\text{end}} = 1.1972\text{m/s}$，由火炮结构原理诊断为复进过猛。

故障二：制退杆活塞套磨损，即 $\Delta V_Z = 0\text{L}$，$\Delta d_g = 0\text{mm}$，$\Delta D_T = 0.63\text{mm}$，经计算得 $X = 0.7991\text{m}$，$v_{\max} = 11.6131\text{m/s}$，$U_{\text{end}} = 1.1961\text{m/s}$，为火炮后坐过长。

依据上述原理，构建了 3 – 20 – 20 – 3 的 BP 神经网络模型，采用 Levenberg –

Marquardt 算法，误差可达到 10^{-12}，训练 49609 步，达到误差要求，且结果稳定。经 BP 神经网络计算，结果如表 7-6 所列。

表 7-6 反后坐装置故障神经网络仿真计算结果

故障	ΔV_Z/L		误差	Δd_g/mm		误差	ΔD_T/mm		误差
	计算值	实际值		计算值	实际值		计算值	实际值	
故障一	9.72×10^{-9}	0	9.72×10^{-9}	0.2825	0.2825	9.05×10^{-7}	1.46×10^{-5}	0	1.46×10^{-5}
故障二	1.13×10^{-7}	0	1.13×10^{-7}	1.37×10^{-5}	0	1.37×10^{-5}	0.6302	0.6300	2.30×10^{-4}

由表 7-6 计算结果可知，BP 网络计算值与火炮实际值非常接近，精度很高，故障原因诊断正确。

3. 遗传算法

由于条件所限，缺乏大量反后坐装置故障试验数据，为考核模型与方法的正确性，先设定 152mm 自行加榴炮一组带故障的反后坐装置结构参数（V_Z、d_g、D_T），利用后坐复进运动数学模型计算得到一组数据 x、v、U，将它作为测试值 X_s、v_s、U_s。结合上述故障诊断方法，应用基本遗传算法与改进后的遗传算法，重新寻找反后坐装置的实际结构参数（V_Z、d_g、D_T），即可诊断出反后坐装置的故障原因：制退机漏液量 ΔV_Z、节制环磨损量 Δd_g、制退杆活塞套磨损量 ΔD_T。

设置故障情况：节制环磨损 1mm，其他均部分正常，即 $V_Z=14.7$L，$d_g=42$mm，$D_T=124.75$mm，经计算得 $X=0.7881$m，$v_{\max}=11.5800$m/s，$U_{\text{end}}=1.2014$m/s，以此作为火炮后坐、复进运动测试值。由火炮反后坐装置结构原理可诊断该炮为后坐过长、复进过猛。

改进后的遗传算法参数设置为 $P_{c,\max}=0.99$，$P_{c,\min}=0.4$，$P_{m,\max}=0.1$，$P_{m,\min}=0.001$，$G_{\max}=2000$；相对误差精度要求为 10^{-5}，对上述模型，利用 MATLAB 编程，计算得到火炮反后坐装置的实际结构参数，以及该算法的精度值。具体结果如表 7-7 所列。

表 7-7 反后坐装置后坐复进参数及故障仿真计算结果

后坐复进参数	X/m		$v_{\max}$/(m/s)		U_{end}/(m/s)		V_Z/L		d_g/m		D_T/m	
测试值	0.7881		11.5800		1.2014		14.7000		0.0420		0.12475	
计算值	SGA	IGA	SGA	IGA	SGA	IGA	SGA	IGA	SGA	IGA	SGA	IGA
	0.7858	0.7871	11.5798	11.5811	1.2008	1.1999	14.6692	14.6880	0.04186	0.04171	0.12469	0.12460

（续）

后坐复进参数	X/m		v_{max}/(m/s)		U_{end}/(m/s)		V_Z/L		d_g/m		D_T/m	
终止代数	2396	435	2396	435	2396	435	2396	435	2396	435	2396	435
绝对误差	0.0023	0.001	0.0002	0.0011	0.0006	0.0015	0.0308	0.0120	1.4×10^{-4}	2.9×10^{-4}	6.0×10^{-5}	1.5×10^{-4}
相对误差/%	0.29	0.13	1.7×10^{-3}	9.5×10^{-3}	0.05	0.12	0.21	0.08	0.33	0.69	0.048	0.12

由此可见,基本遗传算法(SGA)与改进遗传算法(IGA)仿真寻优得到的后坐位移、后坐速度与复进速度与测试值基本一致,精度很高,它们的相对精度达到0.5%左右,完全满足工程要求。因此,由此得到的反后坐结构参数诊断结果也是可信的,它们的实际精度也相当高,诊断结果是:火炮后坐过长与复进过猛的原因为节制环磨损,与实际设定故障相吻合。

表7－7的结果表明,改进遗传算法不仅比基本遗传算法有更高的精度,而且具有更快的收敛速度,IGA算法迭代次数约为SGA算法的1/4,速度提高3～4倍。

通过实例分析对比,可得出以下结论:逐步逼近法与牛顿切线逼近法近似,可以认为是牛顿切线法的推广应用,其算法简单,运算速度较快,但缺点是故障值需事先设定取值范围,如果范围过大,就难以得出结果。BP神经网络是一种单向传播的多层前向神经网络,其标准算法比较简单,但存在收敛速度慢和局部极小问题。应用L－M算法改进后,BP网络在收敛速度上有了很大提高,故障诊断结果精度也很高,但由于目前缺乏火炮实弹射击的完整故障样本集以及存在的网络推广(泛化)问题,都制约了BP神经网络的实践应用。改进遗传算法是在基本遗传算法的基础上对交叉算子和变异算子进行改进,采用自适应变化的交叉概率和变异概率,并结合最优保存策略进化模型和适当的收敛条件。对诊断实例的计算分析表明,该方法算法合理,收敛速度快,目标精度高,故障原因诊断正确。与其他两种算法相比,改进遗传算法在本阶段研究中,还是具有一定优势的。

第8章　火炮修后水弹试验规范

火炮修后水弹试验规范是本书研究的落脚点，最终目的是指导修理单位规范、安全、有序地进行火炮的修后水弹试验。本章综合现有火炮修后水弹试验工程实践经验，参考国内水弹试验的规范内容，建立火炮修后水弹试验规范，明确火炮修后水弹试验的方法与要求，为火炮修理单位科学、正规化的水弹试验提供了法规化依据。

8.1 火炮修后水弹试验目的与要求

火炮修理后，一般是大修与中修后，都要进行水弹试验。火炮修后水弹试验是火炮修理质量检验的最重要环节。其主要目的是对身管未经修理的火炮，以水弹试验方式检验火炮主要各机构的动作可靠性和反后坐装置的密闭性，综合反映火炮修理质量。具体要求如下：

（1）火炮后坐、复进运动应正常，后坐距离满足规定距离要求，无后坐过长、过短，以及复进不足、复进过猛等故障现象发生。

（2）火炮炮闩各装置动作应可靠，开、关闩动作，发射动作，射后抽筒等动作应正常。

（3）反后坐装置密闭可靠，无漏液、漏气现象。

（4）身管内膛质量正常，无胀膛等疵病。

8.2 受试品、参试品与试验场地

受试品是指接受水弹试验的试验火炮；参试品是指火炮水弹试验过程中所使用的装药、木塞、水等物资；试验场地是指火炮水弹试验所用场地。为确保火炮水弹试验安全、有效，对受试品、参试品与试验场地提出如下要求：

（1）试验火炮技术状态良好，为经技术检验并检验合格的火炮，具有火炮检验合格证。

（2）试验用发射药为全装药，装药为同一批次，应有产品合格证。采用分装式炮弹的压制火炮直接采用全装药药筒进行水弹试验；采用整装式炮弹的直瞄火炮试验前利用专用拔弹机构将弹丸拔掉，再利用药筒进行水弹试验。

（3）试验用水为经砂布过滤的清水，不含任何杂物。

（4）试验木塞所用材料为湿性优质硬杂木（如湿性枫香木），顺纹加工，按规定尺寸要求加工。

（5）水弹木塞表面应光洁，不应有裂纹、结疤、空洞等缺陷，不应用腻子、填充胶等材料填补漏洞。

（6）水弹木塞使用前应在水中浸泡 3 天以上。

（7）试验靶场应平坦宽阔，信号装置、通信设施齐全。

（8）靶场最好为封闭靶场，试验时应清场，不应有影响水弹试验安全的无关人员和其他物品。

（9）试验炮位应为水泥或硬质土地地面，牵引火炮驻锄与驻锄坑之间用垫木减振。

（10）试验炮位的后方应设有防护掩体，旁边应设有带顶盖的专用蓄水池，且池壁干净，池底无泥沙。

8.3　火炮修后水弹试验方法步骤

为确保火炮水弹试验安全、有效，应按规范的试验方案进行水弹试验。

8.3.1　火炮修后水弹试验准备工作

选择合适的水弹试验场地，要求距试验火炮 400m 以内不应有民房、建筑物和行人。

水弹试验前应充分做好试验准备工作，重点做好如下准备工作：

（1）擦拭炮膛，使火炮内膛洁净、无异物。

（2）检查反后坐装置的固定和密封情况，反后坐装置连接固定确实，密闭良好，无漏液漏气现象；检查反后坐装置液量和气压，使其达到规定的液量和气压。

（3）检查开、关闩工作情况及发射装置工作的可靠性。

（4）检查后坐指标的位置及其运动情况。

（5）检查高低机、方向机的动作，动作应轻便灵活。

（6）准备好水弹木塞和清水，木塞提前在水中浸泡 3 天以上。

8.3.2 火炮修后水弹试验步骤

(1) 将被试火炮置于炮位,呈战斗状态,炮身概略水平。

(2) 取下炮口制退器,装上炮口制退器配重并拧紧。

(3) 在木塞装入炮膛前,将其小端涂上润滑脂,润滑面不得小于圆柱面的$\frac{1}{2}$。

(4) 人力开闩,用专用工具将水弹木塞从药室后部装入坡膛,压入深度应符合规定要求。在此过程中木塞不应出现破损,否则应更换木塞。

(5) 木塞压入后,赋予火炮以规定射角(10°、中间射角和最大射角);将定量清水从炮口注入炮膛。注水过程中,水的损失量应不大于200mL。

(6) 擦净药室,检查木塞的密封性,不允许有漏液现象。

(7) 如被试火炮为自行火炮,应旋下抽气装置的放水螺塞,抽气装置内不应储水。

(8) 将带发射装药的药筒装入已注液体的火炮药室内,并自动关闩。

(9) 按要求实施车外拉火绳发射,并测量火炮后坐复进时间。

(10) 水弹试验过程中,观察火炮后坐距离,火炮是否复进到位,炮闩是否自动开闩,药筒是否被抛出,反后坐装置是否漏液漏气。

(11) 水弹试验后,应再次放尽抽气装置内的水。

(12) 水弹试验完毕后,应立即擦拭炮膛与抽气装置,并均匀涂防锈油。

(13) 取下炮口制退器配重,复装炮口制退器。

注:修复火炮进行水弹试验规定3发。第1发在射角10°发射,第2、3发在中间射角和最大射角发射;对更换过制退机活塞或调速筒的火炮,试射发数为3~5发。必要时,再进行3发填砂弹射击试验。

8.4 火炮修后水弹试验要求

火炮修后水弹试验的要求,主要包括发射顺序、射角、发射弹数、装水质量、木塞结构尺寸及嵌入身管深度和火炮后坐长等参数。

如表8-1所列,发射顺序为水弹试验时发射的次序,一般按低射角、中间射角和高射角依次发射;射角是指火炮水弹试验的实际射角,一般根据该试验火炮的高低射界分为三个射角：低射角一般为 10°（少量火炮为 8°），高射角为火炮所能达到的最大射角，中间射角一般为最大射角的一半；发射弹数是指按发射顺序（或射角）发射的弹数，一般发射 3 发；装水质量是指水弹试验实际所用的水量；木塞嵌入深度指木塞安装到位时，木塞后端面至身管后端面的距离；后坐长度是指火炮水弹试验后应达到的后坐距离。

表 8-1 火炮修后水弹试验要求

火炮名称	发射顺序	射角	发射弹数/发	装水质量/kg	木塞嵌入深度/mm	后坐长度/mm
某榴弹炮	1	1-67	1	13	480	920~1050
	2	5-83	1			
	3	10-83	1			

表 8-1 没列出火炮的方向射界，通常水弹试验时方位角为零，即回转部分位于自行火炮正前方或牵引火炮两大架的中央。

水弹试验时，若气温在 0℃以上时直接采用清水；若气温在 0℃以下，则应用专用液体。专用液体的密度为 1.3，成分与密度为：氯化钙（$CaCl_2$）40%，铬酸钾（K_2CrO_4）1.5%，苛性钠（NaOH）0.1%，水（H_2O）58.4%。

8.5 火炮修后水弹试验检查与记录

为科学、正确地做好火炮水弹试验评估与诊断工作，应明确水弹试验后的检查项目，并做好相应的记录。

8.5.1 试验后检查项目

（1）火炮所有固定部分的连接情况。

（2）火炮反后坐装置气、液量。

（3）火炮后坐距离。

（4）火炮后坐与复进总时间。

（5）火炮开闩、抽筒动作。

（6）炮身内膛、药室表面质量。

8.5.2 试验记录

（1）试验当日射击的气温。

（2）试验药温。

（3）装水质量。

（4）火炮后坐长。

（5）火炮后坐与复进总时间。

（6）炮闩开闩与抽筒情况。

（7）射击前、后反后坐装置气体与液量。

（8）炮身内膛表面质量。

（9）射后全炮其他机构质量。

8.6 火炮修后水弹试验安全注意事项

火炮修后水弹试验的安全性是火炮水弹试验的前提，水弹试验必须确保试验人员及试验装备的安全性。为此，火炮水弹试验时应注意以下事项：

（1）参试人员应具备火炮射击安全知识，明确各参试人员的岗位职责。

（2）试验人员应熟悉试验火炮的结构原理，了解试验内容、测试要求和操作方法。

（3）火炮射手需经培训合格后方能上岗。

（4）火炮射击应遵循靶场现行安全条例。

（5）试验用清洁的水，注水时不应将杂质带入炮膛。

（6）射击前应发出警报声，确认所有参试人员均进入安全位置后才能击发。

（7）装入药筒后5min内应击发火炮；复拨、击发3次仍不能击发时，应等待3～5min，确认不发火故障后，由火炮射手一人上前，进入炮位排除故障。

（8）雷电交加、大雾或下雨的天气，应停止火炮水弹试验。

参考文献

[1] 张培林,李国章,傅建平. 自行火炮火力系统[M]. 北京:兵器工业出版社,2002.

[2] 傅建平,吕世乐,郑立评,等. 火炮水弹试射内弹道分析计算[J]. 军械工程学院学报,2014,26(2):1-5.

[3] 吕世乐,傅建平,张丽花,等. 火炮水弹试射性能参数检测与处理[J]. 四川兵工学报,2014(5):47-50.

[4] 傅建平,张泽峰,余家武,等. 火炮修后水弹试验后坐复进运动分析计算[J]. 四川兵工学报,2016.

[5] 傅建平,张泽峰,余家武,等. 火炮修后水弹试验安全性分析研究[J]. 计算机仿真,2016.

[6] 刁中凯. 火炮水弹试验方案探讨[J]. 军械维修工程研究,2001(1):63-65.

[7] 吕世乐. 火炮修后水弹试验方法及检测技术研究[D]. 军械工程学院,2015.

[8] 邹名高. 试论水弹胀膛的机理[J]. 四川兵工学报,1982(2):34-36.

[9] 傅建平,张泽峰,余家武,等. 火炮修理后水弹试验内弹道设计方法研究[J]. 兵工学报,2015,36(12):2381-2385.

[10] 傅建平,余家武,刁中凯,等. 基于火炮后坐运动序列图像匹配的运动测试方法研究[J]. 军械工程学院学报,2015,27(6):63-67.

[11] 傅建平,杨建春,彭威,等. 大口径火炮身管压坑允许深度规律研究[J]. 军械工程学院学报,2010(6).

[12] 傅建平,张晓东,杨建春. 内弹道多参数快速符合计算方法[J]. 军械工程学院学报,2005,17(6).

[13] 傅建平,张晓东,张培林,等. 基于改进遗传算法的反后坐装置故障诊断方法[J]. 火炮发射与控制学报,2007(6).

[14] 傅建平,张晓东,张培林,等. 火炮后坐复进运动动态检测与模糊评估[J]. 火炮发射与控制学报,2007(3):58-61.

[15] 张晓东,傅建平,张培林. 基于改进遗传算法的内弹道多参数符合算法[J],弹道学报,2006,18(4):41-44.

[16] 张晓东,傅建平,姜伟,火炮制退机故障诊断方法[J]. 军械工程学院学报,2006,18(3):15-17.

[17] 张晓东,傅建平,张培林. 基于 BP 神经网络的火炮反后坐装置故障诊断[J],兵工自动化,2006,25(8).

[18] 张晓东. 自行火炮反后坐装置检测与诊断系统研究[D]. 军械工程学院,2007.

[19] 欧克寅,傅建平,张培林. 基于图像匹配技术的火炮反后坐装置动态测试方法. 火炮发射与控制学报,2008(4):111-14.

[20] 欧克寅,傅建平,张培林. 基于直线特征及模板倾斜修正的图像匹配定位[J]. 军械工程学院学报,

2008,20 (5):46 - 49.

[21] 欧克寅,傅建平,张培林,等. 基于视频图像技术的火炮射击时振动测试[J]. 四川兵工学报, 2008, 29 (5):22 - 25.

[22] 欧克寅. 基于视频图像处理技术的火炮运动参数测试技术研究[D]. 军械工程学院,2008.

[23] 张晓东,张培林,傅建平. 基于两相流内弹道的火炮炮膛合力计算[J]. 火炮发射与控制学报, 2010,2:70 - 74 .

[24] 王成,张培林,傅建平,等. 复进机压力测试中的异常现象分析[J]. 测试技术学报,2008(2): 118 - 22.

[25] 王成,张培林,傅建平. 火炮复进机内气体特性的热力学分析[J]. 兵工学报,2008(5):526 - 531.

[26] 张鸿浩,陈永才,王瑞林,等. 火炮动力后坐运动的数值模拟[J]. 军械工程学院学报,2000(3): 12 - 16.

[27] 辛春虹,赵俊利,张康,等. 基于 MATLAB 的火炮动态仿真试验研究[J]. 机电技术,2011(2): 82 - 84.

[28] 姚养无. 火炮后坐仿真试验系统及其动力学数值仿真[J]. 兵工学报,2001,22(2):152 - 155.

[29] 八〇一研究室. 内弹道学[M]. 华东工学院,1998.

[30] 金志明,袁亚雄,宋明. 现代内弹道学[M]. 北京:北京理工大学出版社,1992.

[31] 张相炎,郑建国,杨军荣. 火炮设计理论[M]. 北京:北京理工大学出版社,2005.

[32] 王连荣,张佩勤. 火炮内弹道计算手册[M]. 北京:国防工业出版社,1987.

[33] 徐长福. 火炮测试技术[M]. 北京:兵器工业出版社,1993.

[34] 靳秀文,等. 火炮动态测试技术[M]. 石家庄:军械工程学院,2004.

[35] 席裕庚,柴天佑,恽为民. 遗传算法综述[J]. 控制理论与应用,1996,13(6): 697 - 708.

[36] 周明,孙树栋. 遗传算法原理及应用[M]. 北京:国防工业出版社,2002.

[37] 楼顺天,陈生潭,雷虎民. MATLAB 程序设计语言[M]. 西安:西安电子科技大学出版社,2002.

[38] 陈永春. MATLAB M 语言高级编程. 北京:清华大学出版社,2004.

[39] 李庆扬,王能超,易大义. 数值分析[M]. 武汉:华中科技大学出版社,2003.

[40] 吴今培. 智能故障诊断技术的发展和展望[J]. 振动、测试与诊断,1999,19(2):79 - 86.

[41] 吴今培,肖健华. 智能故障诊断与专家系统[M]. 北京:科学出版社,1997.

[42] 谢少荣,周焱,邢兰兴,等. 高速摄像技术在微型旋翼机性能测量中的应用光学精密工程光学精密工程光学精密工程[J]. 光学精密工程,2007,3(15):378 - 383.

[43] 郑增荣,赵文义,吴志强. 3H - 2100 型 CCD 高速摄像电视系统的应用[J]. 测试技术学报,1996,10 (2,3):594 - 599.

[44] 夏德深,傅德胜. 计算机图像处理及应用[M]. 南京:东南大学出版社,2004,2:22 - 67.

[45] 沈邦乐. 计算机图像处理[M]. 北京:解放军出版社,1995,10:234 - 269.

[46] 李弼程,彭天强,彭波,等. 智能图像处理技术[M]. 北京:电子工业出版社,2004.

[47] 容观澳. 计算机图像处理[M]. 北京:清华大学出版社,2000.

[48] 冈萨雷斯. 数字图像处理[M]. 北京:电子工业出版社,2003.

[49] 章毓晋. 图像处理和分析[M]. 北京:清华大学出版社,1998.

[50] 赵忠明,等. 遥感图像中薄云的去除方法[J]. 环境遥感,1996,11(3):195-199.

[51] 程建,杨杰. 基于小波变换的固体火箭发动机地面试验图像的烟雾去除方法[J]. 系统仿真学报,2004,16(11):2490-2492.

[52] Barnea D I,Silverman H F. A class of algorithms for fast digital image registration [J]. IEEE Trans on Computers,1972,C-21:179-186.

[53] 王岩松,阮秋琦. 一种基于互相关的图像定位匹配算法研究及应用[J]. 北方交通大学学报,2002,26(2):20-24.

[54] 严柏军,郑链,王克勇. 基于不变矩特征匹配的快速目标检测算法[J]. 红外技术,2001,23(6):8-12.

[55] 徐亦斌,王敬东,李鹏. 基于圆投影向量的景象匹配方法研究[J]. 系统工程与电子技术,2005,27(10):1725-1728.

[56] 董安国. 图像匹配最大互相关快速算法[J]. 浙江万里学院学报,2005,18(4):13-18.

[57] 于起峰. 基于图像的精密测量与运动测量[M]. 北京:科学出版社,2002.

[58] 杨必武,郭晓松. 摄像机镜头非线性畸变校正方法综述[J]. 中国图像图形学报,2005,10(3):78-81.

[59] 吴晓波,安文斗,杨钢. 图像测量系统中的误差分析及提高测量精度的途径[J]. 光学精密工程,1997,5(1):133-140.

[60] 张丽群. 基于相关法的多重成像亚像素定位算法的研究与实现[D]. 哈尔滨:哈尔滨工程大学,2005.

[61] 万峰. 消防水炮射流轨迹及定位性能研究[D]. 上海:上海大学,2008.

[62] 孙健. 消防炮水射流轨迹的研究[D]. 上海:上海交通大学,2009.

[63] 闵永林,陈晓阳,陈池,等. 考虑俯仰角的消防水炮射流轨迹理论模型[J]. 机械工程学报,2011,47(11):134-138.

[64] 万云霞,黄勇,朱英. 液体圆柱射流破碎过程的实验[J]. 航空动力学报,2008. 2(23):208-214.

[65] 贺丽萍. 基于 OpenFOAM 的非牛顿液体圆射流破碎的数值研究[D]. 天津:天津大学,2011.

[66] 琚学振. 消防射流关键技术研究[D]. 哈尔滨:哈尔滨工业大学,2012.

[67] 韩子鹏. 弹箭外弹道学[M]. 北京:北京理工大学出版社,2014.

[68] 鞠玉涛,周长省. 圆柱形弹丸绕流流场数值分析[J]. 弹箭与制导学报,2001,21(4):66-69.

内容简介

本书以新型火炮大修与中修后所进行的水弹试验为研究对象，针对传统火炮修后水弹试验缺乏理论研究、水弹试验方案缺少理论支撑，以及水弹试验检测与评估技术落后等问题，深入研究了火炮修后水弹试验的理论方法与检测评估先进技术。本书基于新型火炮结构、水弹试验要求及其试验工程实践，针对火炮水弹试验系统，在火炮水弹试验的机理研究基础上，围绕火炮水弹试验的内弹道学分析、动力学分析、安全性评估、测试技术、试验评估与诊断技术及试验规范等内容进行了大量理论和实践研究，提出了基于冲量原理的火炮修后水弹试验装水质量确定方法。本书研究内容理论性强，通用性好，为新型火炮开展修后水弹试验提供了理论支撑和技术手段。

本书可供从事火炮设计、制造、试验和修理等工作的技术人员使用，也可作为院校火炮专业的研究生参考使用。

The book takes the water - projectile test after new type of gun repaired as the research object, the traditional water - projectile test lack of theoretical research, water - projectile test scheme is lack of theoretical support, and the detection and evaluating technology of water - projectile test is out of date etc. , so the theory method and the advanced detection and evaluation technology of the gun after repairing are studied in depth. Based on new type of gun structure, water - projectile test requirements and practical experience in Engineering, according to the test system of water - projectile, on the basis of the mechanism study of the water - projectile, a large amount of theoretical and practical research are carried out around the water - projectile test of interior ballistics analysis, dynamic analysis, safety evaluation, testing technology, testing evaluation, diagnosis technology and test specification etc. And a method for determining the water quality of the water - projectile test after repairing based on impulse equal theory is put forward. The research content of this book has a strong theoretical and universal, which provides the theoretical support and technical means for the new type of gun to carry out the water - projectile test.

This book can be used for the technical personnel engaged in the design, manufacture, test and repair ofgun, and can also be used as a reference for related professional graduate.